復刻版

位相幾何学から射影幾何学へ

横田一郎 著

現代数学社

まえがき

幾何学とは図形を調べる数学である．幾何学は数学の中で歴史が最も古く，紀元前には既に Euclid 幾何学が生まれており，幾多のいきさつを経て，19 世紀になって射影幾何学，微分幾何学，位相幾何学が生まれ，花開いて現在に至っている．さて，その幾何学を「幾何学への入門」ということで，位相幾何学から射影幾何学の順に，その入口の所を易しく，時には直観に訴えながらお話しして行こうと思う．例を多く出し，その例も線分，円板等の身近なものばかりであるから，誰にも容易に理解できるものと思う．初心者用の入門書であるため，時に厳密性や一般性に欠ける所があるかもしれないが（終始真面目に書いたつもりであるので）お許し願うことにして，とにかく始めてみよう．なお，著者はさきに『やさしい位相幾何の話』（現代数学社）を書いているが，共通点もあるので，これも参照して下さい．

1992 年 10 月

横田一郎

復刻版刊行にあたって

1992 年の初版から今日にかけて，読者の皆様，学校，図書館等，各方面からのご好評を賜り品切れ状態になっておりましたものを，このたび復刻版として刊行させていただきました．

故 横田一郎先生が「幾何学への入門」とされておられる通り，本書は知的探究心をかき立てられる素材がちりばめられた名著であります．ぜひ，沢山の方々にご利用いただけますことを願っております．

現代数学社編集部

目　次

I　位相幾何学の話

第 1 話　図形を位相的に見ること

位相幾何学とは，図形を同相で分類する幾何学であるという Klein 流の考えに従って話を進めて行こうと思う．2 つの図形が同相であることの定義は後（第 7 話）で与えることにして，ここでは，以下の例によって直観的に理解することにしよう．

例 1.1　次の頁に16個の 1 次元図形がある．これらの図形を同相で分類しよう．そのために，これらの図形が柔らかいゴム紐でできているものと思って，自由に変形してもよいとしよう．図形 X を変形して（ただし，切り離したり重ねたりしてはいけない）図形 Y になるとき，X と Y は**同相**であるといい，記号

$$X \cong Y$$

で表す．さて，(1) ～ (16)の図形を同相で分類すると

$$(1) \cong (2) \cong (3) \cong (4) \cong (5) \cong (6) \cong (7) \cong (8)$$
$$(9) \cong (10)$$
$$(11) \cong (12) \cong (13) \cong (14)$$
$$(15) \cong (16)$$

となり，4 種類に分類される．

もう少し説明を加えよう．(1),(2) の 2 つの 3 角形は，同じ大きさで同じ形をしている．すなわち，(1)をその形を変えずに動かすと(2)に重なるので，(1)と(2)は合同である．これを理由に (1),(2) を同じ図形であるとみなすのは極く自然な考え方である．実際，図形を合同で分類するのが Euclid 幾何学の基本概念であって，2000年以上の歴史をもつすぐれた幾何学である．つぎに，(1)と(3)は相似であるという観点に立つと等しい図形であるが，合同である見方からすると異なっている．また，(1),(4) を見る

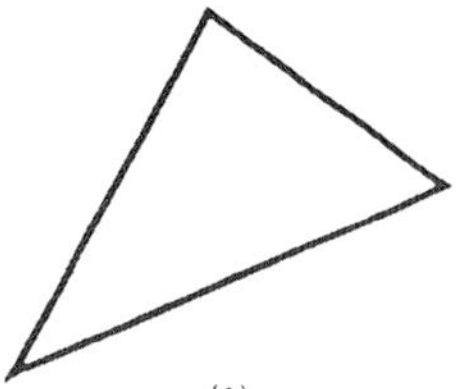

(1)

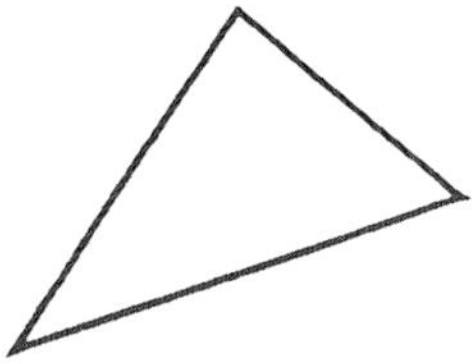

(2)

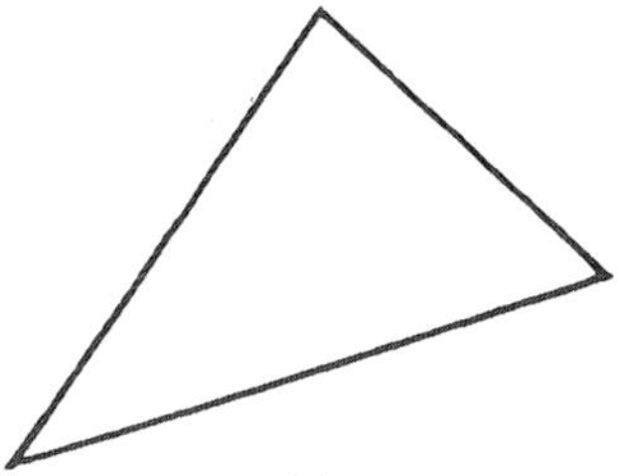

(3)

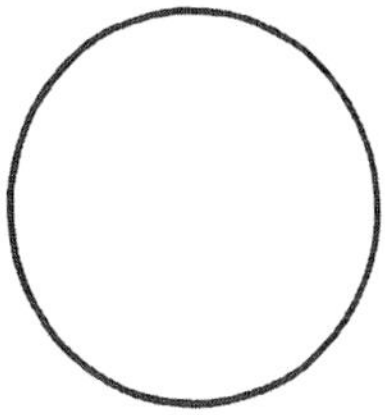

(4)

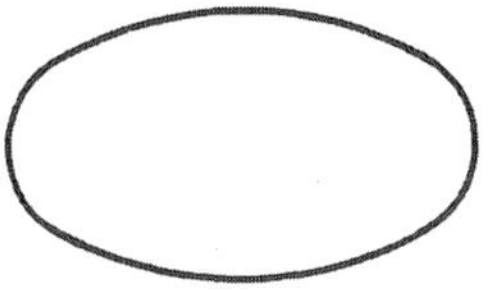

(5)

(6)

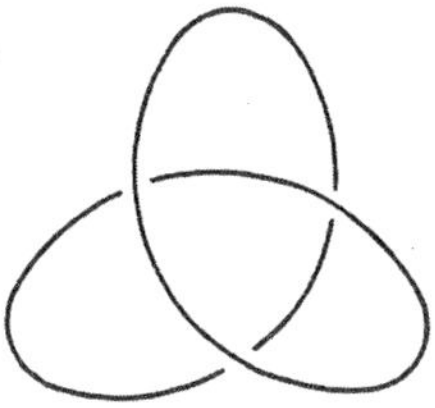

(7)

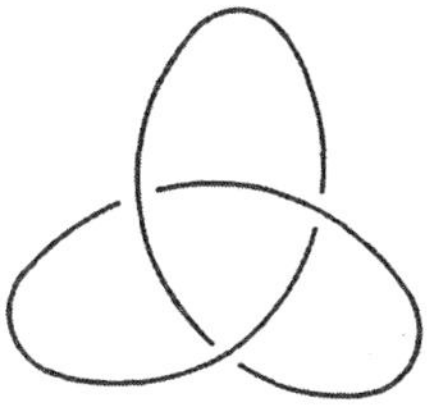

(8)

(9)　線分

(10)

(11)　直線

(12)　放物線

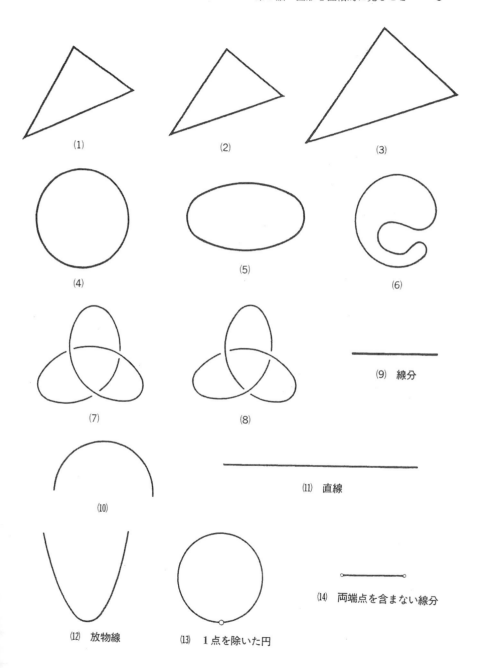

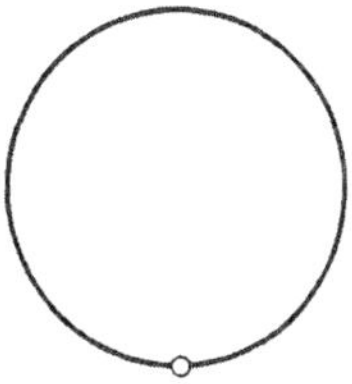

(13)　1点を除いた円

(14)　両端点を含まない線分

⒂　1点を除いた直線

⒃　双曲線

と，3角形⑴と円⑷とでは形状が異なっているので，Euclid 幾何学では同じ図形とみなすことは決してしない．しかし，3角形⑴をゴム紐でできていると思って変形すると円⑷になるので同相であり，位相幾何学では，⑴と⑷は同じ図形とみなすことになる．この事実から，Euclid 幾何学と位相幾何学とは異なる幾何学であるということができる．

⑷の図形は平面 R^2 内にあり，一方，⑺の図形は空間 R^3 内にあるという違いはあるが，両者が同相であることは容易に納得できるであろう．⑺,⑻の2つの図形は一見位相が異なるような気がする．その理由として，⑺の紐は引っ張ると外れるが，一方，⑻の紐は引っ張るともつれることをあげるかもしれない．しかし，⑺,⑻の図形は同相であって，それらは円⑷とも同相なのである．もつれるかもつれないかの相異は紐自身の位相的性質にあるのではなくて，空間 R^3 への埋め込み方が異なっているのである．このことについては後（第12話）で説明するだろう．⑼,⒁は直線的な図形であるから，一見似ているようであるが，端の点があるかないかで位相が異なるのである．これについても後（第9話）で述べることにする．

例 1.2　次のアルファベット26文字を同相で分類しよう．

A B C D E F G H I J K L M N
O P Q R S T U V W X Y Z

この答は次のようになり，9種類に分類される．

$A \cong R \cong {-}\!\bigcirc\!{-}$　　$B \cong 8$

$C \cong I \cong J \cong L \cong M \cong N \cong S \cong U \cong V \cong W \cong Z$

$D \cong O \cong \bigcirc$　　$E \cong F \cong T \cong Y$

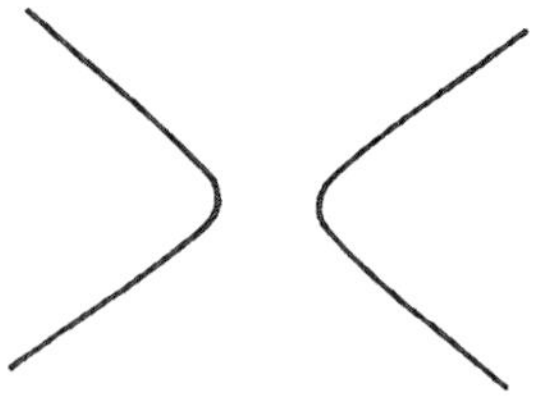

$$G \cong H \cong K \qquad P \cong ○\text{-}$$
$$Q \cong ⊖\text{-} \qquad X \cong ⊼$$

アルファベットの文字をこれらの文字と違って書く人も多いだろう．例えば，Aを A と書くときはTと同相になり，Bを B と書くときは8の字 8 に同相になり，また，Qと Q と書くときは ○ に同相となり，さらに，R（上記のRと異なる）と同相になる．

例 1.3　次の2次元図形を同相で分類しよう．

(1)　円板

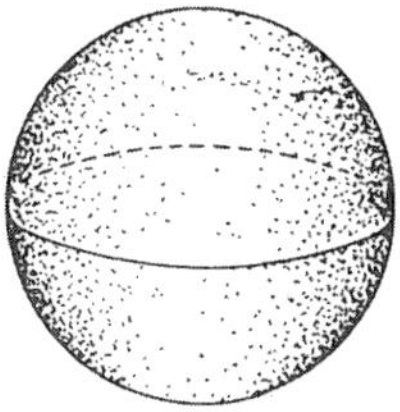
(2)　球面

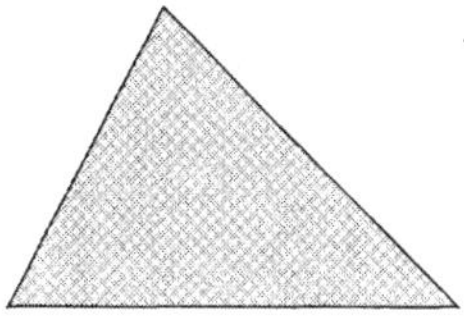
(3)　3角形板

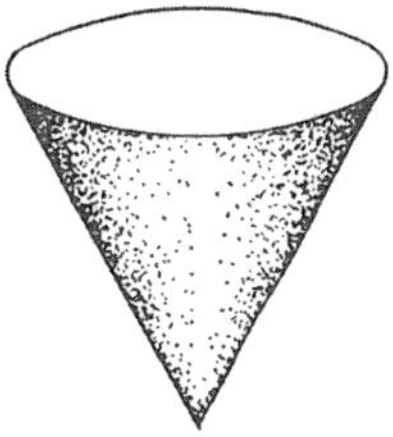
(4)　円錐面

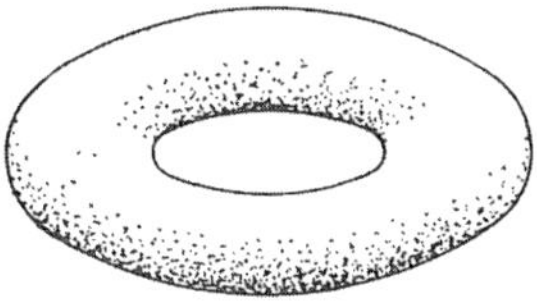
(5)　トーラス

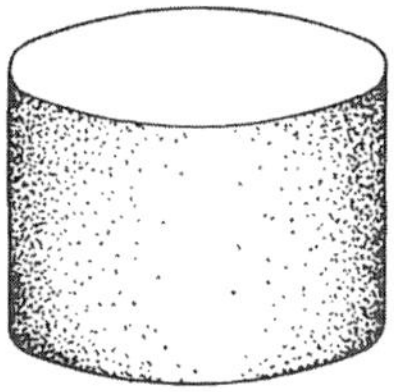
(6)　円柱面

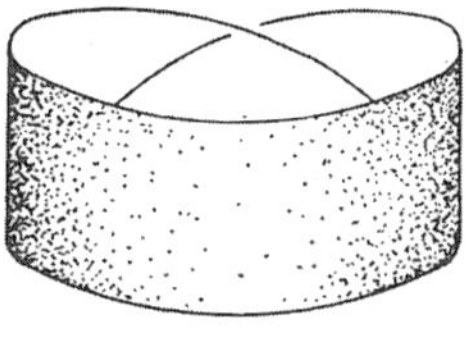
(7)　**Möbius** の帯

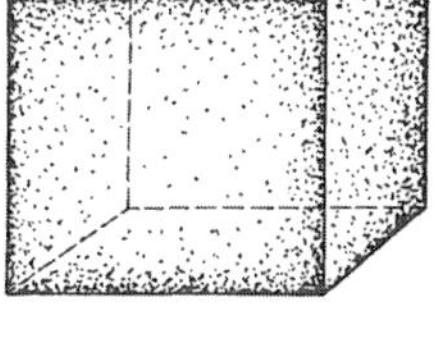
(8)　立方体の表面

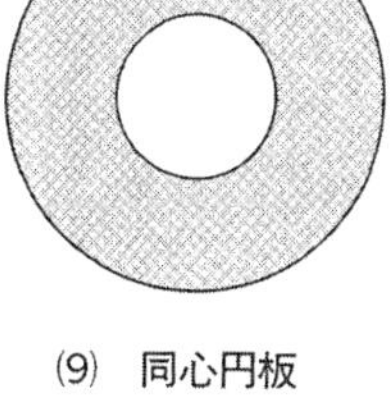
(9)　同心円板

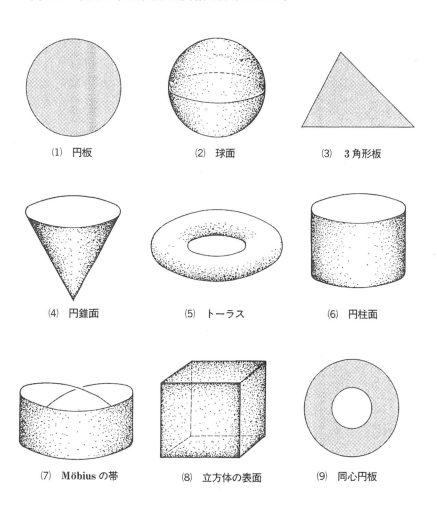

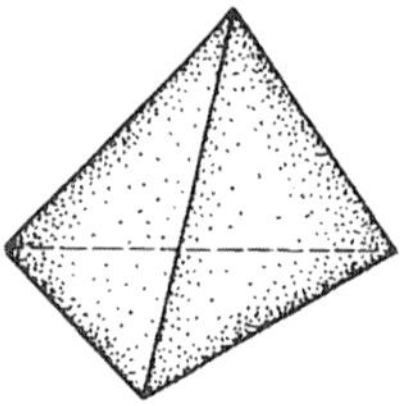

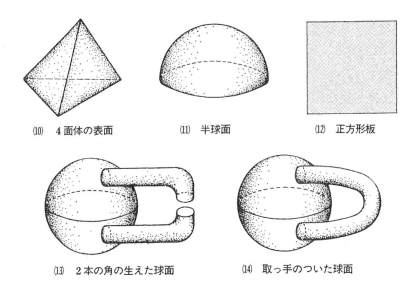

(10)　4 面体の表面

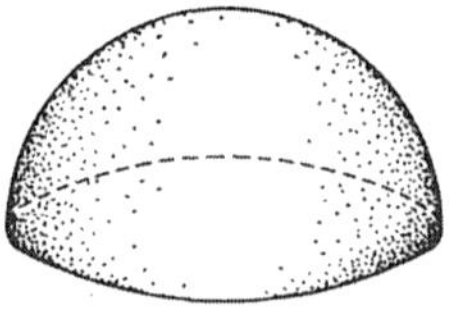

(11)　半球面

(12)　正方形板

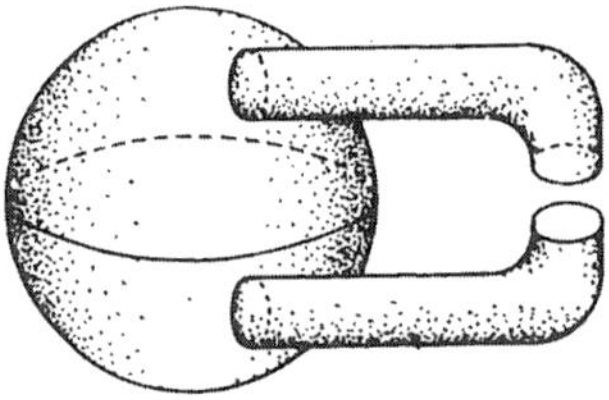

(13)　2 本の角の生えた球面

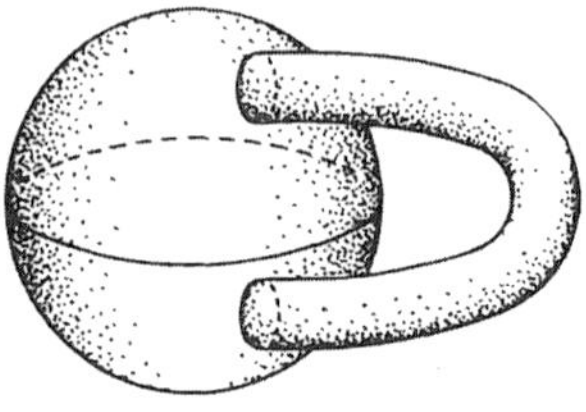

(14)　取っ手のついた球面

この答は次のようになり，5 種類に分類される．

(1) ≅ (3) ≅ (4) ≅ (11) ≅ (12)

(2) ≅ (8) ≅ (10) ≅ (13)

(5) ≅ (14)

(6) ≅ (9)

(7)

例 1.4　次の図形を同相で分類しよう．(これらの図形は例 1.3 のいずれの図形とも同相でない)．

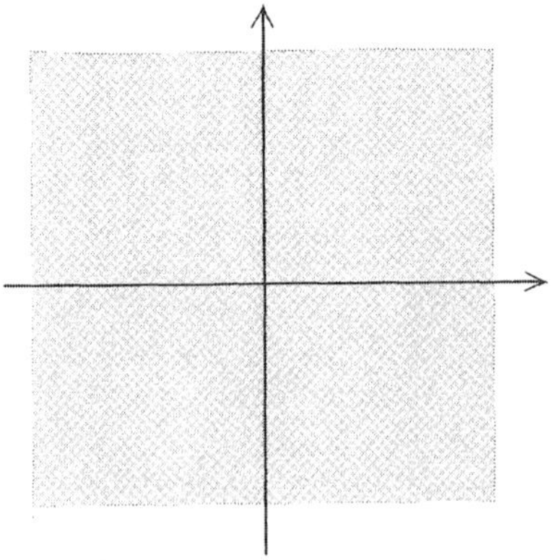

(1)　平面

(2)　「ふち」のない円板

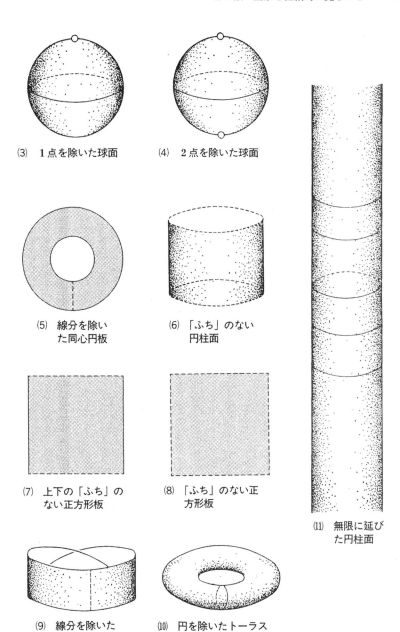

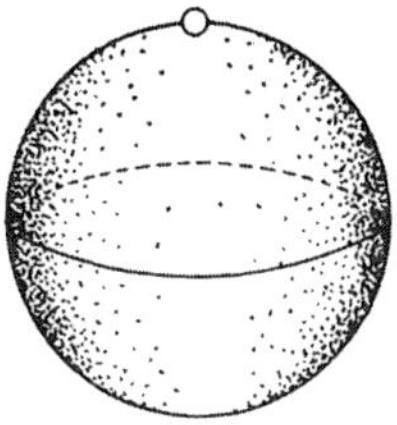

(3)　1点を除いた球面

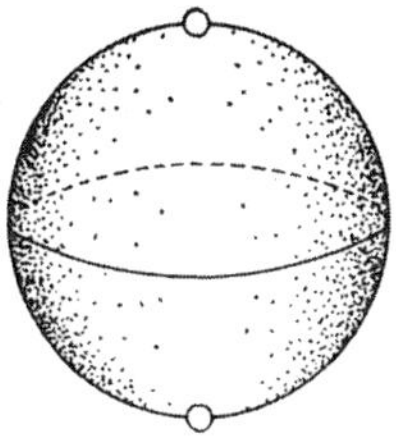

(4)　2点を除いた球面

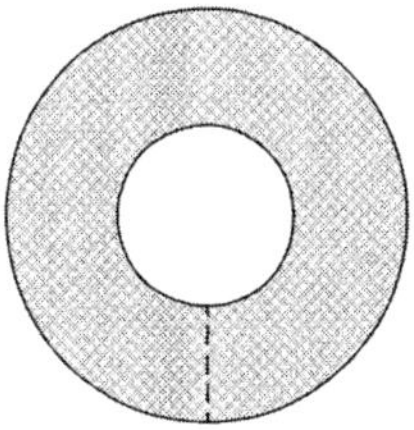

(5)　線分を除いた同心円板

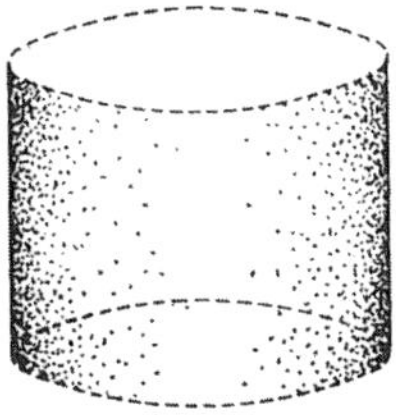

(6)　「ふち」のない円柱面

(7)　上下の「ふち」のない正方形板

(8)　「ふち」のない正方形板

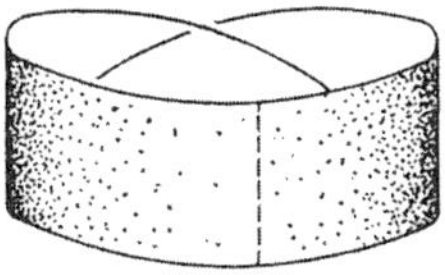

(9)　線分を除いた Möbius の帯

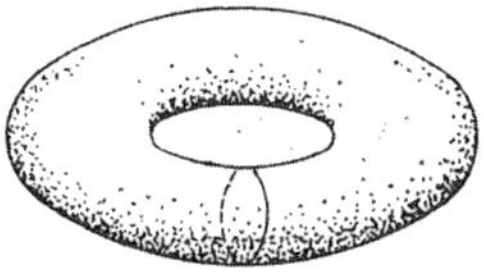

(10)　円を除いたトーラス

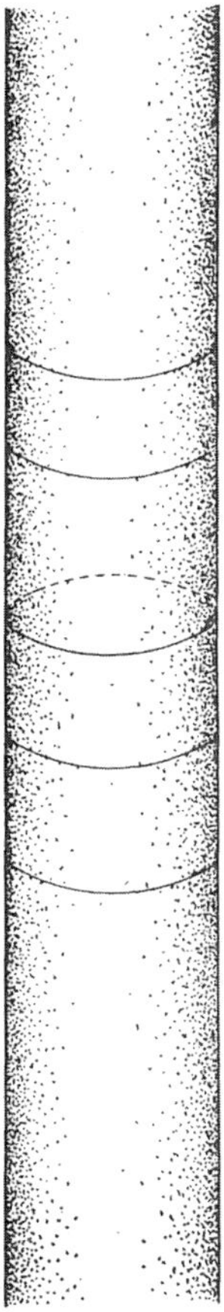

(11)　無限に延びた円柱面

この答は次のようになり，3種類に分類される．

$$(1) \cong (2) \cong (3) \cong (8)$$
$$(4) \cong (6) \cong (10) \cong (11)$$
$$(5) \cong (7) \cong (9)$$

例 1.5　次の3つの図形は互いに同相である．ただし，これらの図形の中味は詰っているものとする．

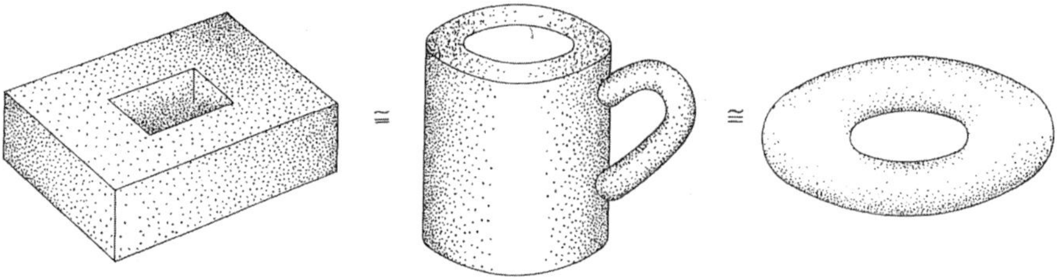

例 1.6　次の4つの図形は互いに同相である．ただし，これらの図形の中味は詰っているものとする．

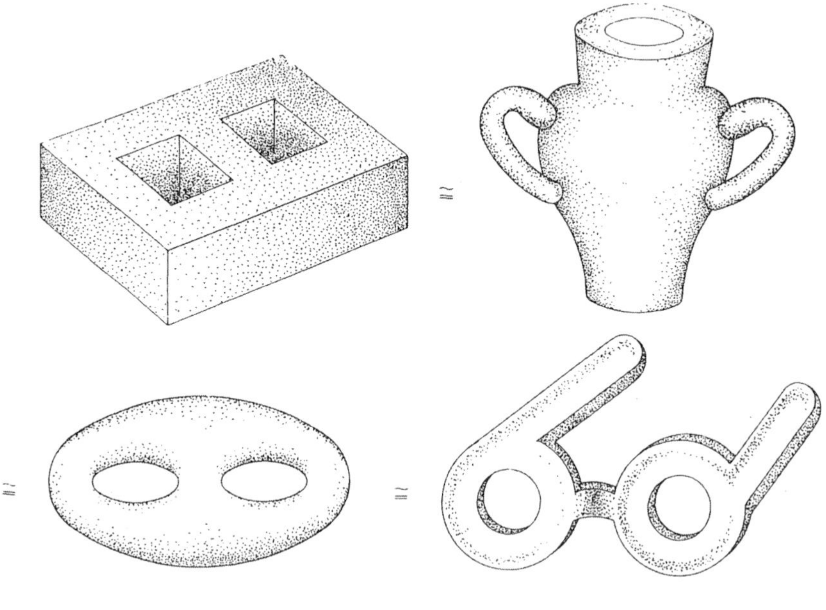

第 2 話　極限と位相

実数全体の集合 $\boldsymbol{R}$ を考えよう．実数は数直線上の点と対応がついていると考えて，$\boldsymbol{R}$ を 1 つの直線図形と看なしておくと，直観がきいて考え易いであろう．

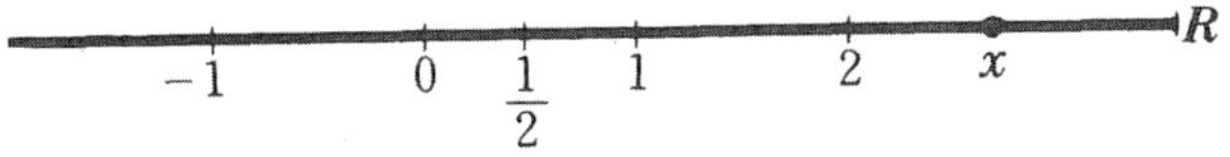

$\boldsymbol{R}$ は実数の単なる集合ではなくて，加減乗除の 4 則演算ができるし，大小関係もあり，絶対値や極限も定義されている等，数学的考察をするのに十分な要素をもつすばらしい集合である．さて，$\boldsymbol{R}$ の位相とはこの極限のことである．これはむしろ逆であって，極限が $\boldsymbol{R}$ の位相を与えるといった方がよい．そこで，$\boldsymbol{R}$ 上の極限について振り返ってみよう．

実数点列 $x_1, x_2, \cdots, x_m, \cdots$ が実数 x に限りなく近づくとき

$$\lim_{m\to\infty} x_m = x$$

とかき，点列 $x_1, x_2, \cdots, x_m, \cdots$ は x に**収束する**という．$\lim_{m\to\infty} x_m = x$ は，x_m と x の距離 $|x_m - x|$ が限りなく 0 に近づくこと：

$$\lim_{m\to\infty} |x_m - x| = 0$$

と同じことである．そして，次の命題を知っている．

> **命題 2.1**　$\boldsymbol{R}$ において，次の(1),(2)が成り立つ．
>
> (1)　$\lim_{m\to\infty} x_m = x$，$\lim_{m\to\infty} y_m = y$　ならば　$\lim_{m\to\infty} (x_m + y_m) = x + y$
>
> (2)　$\lim_{m\to\infty} x_m = x$，$\lim_{m\to\infty} y_m = y$　ならば　$\lim_{m\to\infty} (x_m y_m) = xy$

この事実を認めるならば，以後を理解するのに支障が起らないが，念の

ため，極限の定義を与えて，命題 2.1 を証明しておこう．それが，距離が極限を定義するために基本的であることを理解するのに役立つと思うからである．

定義　実数列 $x_1, x_2, \cdots, x_m, \cdots$ と実数 x に対し

$$\lim_{m\to\infty} |x_m - x| = 0$$

となるとき，すなわち，任意の正数 $\varepsilon > 0$ に対し自然数 M が存在し

$$m > M \quad \text{ならば} \quad |x_m - x| < \varepsilon$$

が成り立つとき，$x_1, x_2, \cdots, x_m, \cdots$ は x に**収束する**といい，記号

$$\lim_{m\to\infty} x_m = x$$

で表す．

命題 2.1 の証明　(1)　正数 $\varepsilon > 0$ を与える．$\lim_{m\to\infty} x_m = x$ であるから，$\dfrac{\varepsilon}{2} > 0$ に対し，自然数 M_1 が存在し

$$m > M_1 \quad \text{ならば} \quad |x_m - x| < \frac{\varepsilon}{2}$$

が成り立つ．また，$\lim_{m\to\infty} y_m = y$ であるから，同じ $\dfrac{\varepsilon}{2} > 0$ に対し，自然数 M_2 が存在し

$$m > M_2 \quad \text{ならば} \quad |y_m - y| < \frac{\varepsilon}{2}$$

が成り立つ．$M = \max\{M_1, M_2\}$ とおくと，$m > M$ ならば

$$\begin{aligned} |(x_m + y_m) - (x + y)| &\leqq |x_m - x| + |y_m - y| \\ &< \frac{\varepsilon}{2} + \frac{\varepsilon}{2} = \varepsilon \end{aligned}$$

となる．すなわち，$\lim_{m\to\infty} (x_m + y_m) = x + y$ である．

(2)を証明するために，次の補題を用意する．

補題 2.2　収束する数列は有界である．すなわち，$\lim_{m\to\infty} x_m = x$ ならば，正数 K が存在し，

$$|x_m| \leqq K, \qquad m = 1, 2, \cdots$$

となる．

証明　$\lim_{m\to\infty} x_m = x$ であるから，正数 1 に対し自然数 M が存在し

$$m>M \quad ならば \quad |x_m-x|\leqq 1 \text{ すなわち } |x_m|\leqq|x|+1$$

となる．よって，$K=\max\{|x_1|,\cdots,|x_M|,|x|+1\}$ とおけば，$|x_m|\leqq K$，$m=1,2,\cdots$ となる．

命題 2.1 (2) の証明　$\lim_{m\to\infty} x_m=x$ であるから，正数 $K_1>0$ が存在し，$|x_m|\leqq K_1$，$m=1,2,\cdots$ となる（補題 2.2）．$K=\max\{K_1,|y|\}$ とおく．$\lim_{m\to\infty} x_m=x$，$\lim_{m\to\infty} y_m=y$ であるから，正数 $\frac{\varepsilon}{2K}>0$ に対し，自然数 M が存在し

$$m>M \quad ならば \quad |x_m-x|<\frac{\varepsilon}{2K},\ |y_m-x|<\frac{\varepsilon}{2K}$$

が成り立つ．よって，$m>M$ ならば $|x_my_m-xy|=|(x_m-x)y+x_m(y_m-y)|\leqq|x_m-x||y|+|x_m||y_m-y|<\left(\frac{\varepsilon}{2K}+\frac{\varepsilon}{2K}\right)K=\varepsilon$ となる．よって，$\lim_{m\to\infty} x_my_m=xy$ である．

命題 2.1 の証明から分かるように，極限の性質を導くためには，実数 x の絶対値 $|x|$ が次の 3 つの性質

(1)　$|x|\geqq 0$

　　$|x|=0 \iff x=0$

(2)　$|xy|=|x||y|$

(3)　$|x+y|\leqq|x|+|y|$

をもつことが本質的である．以上のことを Euclid 空間 $\boldsymbol{R}^n$ に拡張しよう．

定義　　$\boldsymbol{R}^n=\{x=(x_1,\cdots,x_n)\mid x_i\in\boldsymbol{R}\}$

において，和 $x+y$，実数倍 λx をそれぞれ

$$(x_1,\cdots,x_n)+(y_1,\cdots,y_n)=(x_1+y_1,\cdots,x_n+y_n)$$
$$\lambda(x_1,\cdots,x_n)=(\lambda x_1,\cdots,\lambda x_n) \qquad \lambda\in\boldsymbol{R}$$

で定義する（このとき $\boldsymbol{R}^n$ は n 次元 $\boldsymbol{R}$-ベクトル空間になる）．$x=(x_1,\cdots,x_n)\in\boldsymbol{R}^n$ に対し，長さ $|x|$ を

$$|x|=\sqrt{{x_1}^2+\cdots+{x_n}^2}$$

で定義する．この長さが定義された $\boldsymbol{R}$-ベクトル空間 $\boldsymbol{R}^n$ を $\boldsymbol{n}$ **次元 Euclid 空間**という．

命題 2.3　$\boldsymbol{R}^n$ の長さに関して，次の (1), (2), (3) が成り立つ．

(1)　$|x| \geqq 0$

$|x|=0 \iff x=0$

(2)　$|\lambda x|=|\lambda||x| \qquad \lambda \in \boldsymbol{R}$

(3)　$|x+y| \leqq |x|+|y|$

証明　(1),(2) は自明であるが，(3) は証明が必要である．そのためには，Cauchy-Schwarz の不等式 $|\langle x, y\rangle| \leqq |x||y|$ ($\langle x, y\rangle=\sum_{i=1}^{n} x_i y_i$, $x=(x_1, \cdots, x_n)$, $y=(y_1, \cdots, y_n)$) を用いるとよい．実際，$|x+y|^2=|x|^2+2\langle x, y\rangle+|y|^2 \leqq |x|^2+2|x||y|+|y|^2=(|x|+|y|)^2$ より $|x+y| \leqq |x|+|y|$ である．

定義　X を $\boldsymbol{R}^n$ の部分集合とする：$X \subset \boldsymbol{R}^n$．$X$ の点列 $x_1, x_2, \cdots, x_m, \cdots$ と点 $x \in X$ に対し

$$\lim_{m \to \infty} |x_m - x| = 0$$

となるとき，点列 $x_1, x_2, \cdots, x_m, \cdots$ は点 x に**収束する**といい，記号

$$\lim_{m \to \infty} x_m = x$$

で表す．

補題 2.4　$X \subset \boldsymbol{R}^n$ とする．X の点列 $x_1, x_2, \cdots, x_m, \cdots$ が点 x_0 に収束するための必要十分条件は，点列 x_m の各成分が x_0 の成分に収束することである．すなわち，$x_m=(x_{m1}, \cdots, x_{mn})$，$m=1, 2, \cdots$，$x_0=(x_{01}, \cdots, x_{0n})$ とおくとき

$$\lim_{m \to \infty} x_m = x_0 \iff \lim_{m \to \infty} x_{mi} = x_{0i}, \quad i=1, \cdots, n$$

が成り立つ．

証明　$$|x_{mi}-x_{0i}| \leqq |x_m - x_0| \leqq |x_{m1}-x_{01}|+\cdots+|x_{mn}-x_{0n}|$$

の不等式において，$m \to \infty$ とすると分かることである．

定義　$X \subset \boldsymbol{R}^n$ とする．X の点列 $x_1, x_2, \cdots, x_m, \cdots$ に対し，その項の1部分を抜き出し，もとのままの順序で並べた点列

$$x_{i_1}, x_{i_2}, \cdots, x_{i_m}, \cdots, \qquad i_1 < i_2 < \cdots < i_m < \cdots$$

を点列 $x_1, x_2, \cdots, x_m, \cdots$ の**部分点列**という．

補題 2.5　$X \subset \boldsymbol{R}^n$ とする．X の点列 $x_1, x_2, \cdots, x_m, \cdots$ が x に収束するならば，その部分点列 $x_{i_1}, x_{i_2}, \cdots, x_{i_m}, \cdots$ は同じ x に収束する．

証明　極限の定義から明らかである．

以上を準備すると，$\boldsymbol{R}^n$ に位相を導入すること（すなわち $\boldsymbol{R}^n$ の閉集合を指定すること）ができる．

> **定義**　X を $\boldsymbol{R}^n$ の部分集合とする：$X\subset\boldsymbol{R}^n$．X の部分集合 F が **X の閉集合**であるとは
>
> F の点列 $x_1, x_2, \cdots, x_m, \cdots$ が点 $x\in X$ に収束するならば $x\in F$
>
> のことで定義する．

例 2.6　$\boldsymbol{R}^n$ の 1 点 $\{x\}$ は $\boldsymbol{R}^n$ の閉集合である．

例 2.7　線分 $I=[0,1]=\{x\in\boldsymbol{R}\mid 0\leqq x\leqq 1\}$ は $\boldsymbol{R}$ の閉集合である．実

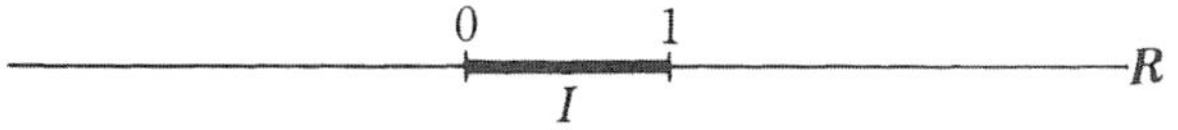

際，I の点列 $x_1, x_2, \cdots, x_m, \cdots$ が $\lim_{m\to\infty} x_m=x\in\boldsymbol{R}$ とする．$0\leqq x_m\leqq 1$，$m=1,2,\cdots$ であるから，その極限値 x も $0\leqq x\leqq 1$ である（この証明は次のようにするとよい．$x<0$ としよう．$\lim_{m\to\infty} x_m=x$ であるから，正数 $\varepsilon=-x$ に対し，自然数 M が存在し，$m>M$ ならば $|x_m-x|<-x$ となる．これより，$x<x_m-x<-x$，$2x<x_m<0$ となり，$x_m\geqq 0$ に反する．よって，$0\leqq x$ である．$x\leqq 1$ も同様に証明できる）．よって，$x\in I$ となり，I が $\boldsymbol{R}$ の閉集合であることが示された．

例 2.8　半開線分 $L=(0,1)=\{x\in\boldsymbol{R}\mid 0<x\leqq 1\}$ は $\boldsymbol{R}$ の閉集合でない．

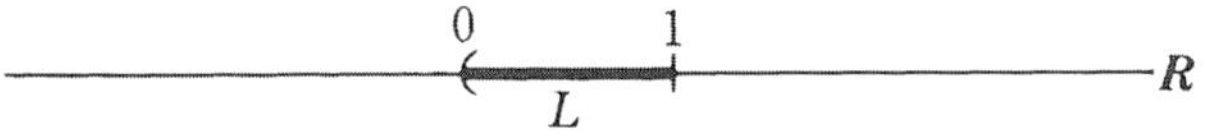

実際，L の点列 $1, \frac{1}{2}, \frac{1}{3}, \cdots, \frac{1}{m}, \cdots$ は $0\in\boldsymbol{R}$ に収束するが，$0\notin L$ であるからである．同様に，開線分 $J=(0,1)=\{x\in\boldsymbol{R}\mid 0<x<1\}$ も $\boldsymbol{R}$ の閉集合でない．

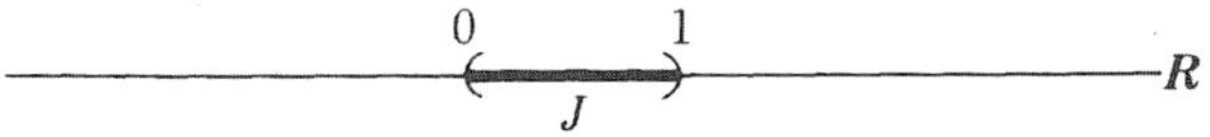

例 2.9　円 $S^1=\{(x,y)\in \boldsymbol{R}^2 \mid x^2+y^2=1\}$ は $\boldsymbol{R}^2$ の閉集合である．実際，S^1 の点列 $(x_1,y_1),(x_2,y_2),\cdots,(x_m,y_m),\cdots$ が $\lim_{m\to\infty}(x_m,y_m)=(x,y)\in \boldsymbol{R}^2$ とする．このとき $\lim_{m\to\infty}x_m=x$，$\lim_{m\to\infty}y_m=y$ である（補題 2.4）．${x_m}^2+{y_m}^2=1$，$m=1,2,\cdots$ であるから，命題 2.1 を用いると $x^2+y^2=1$ となり，(x,y)

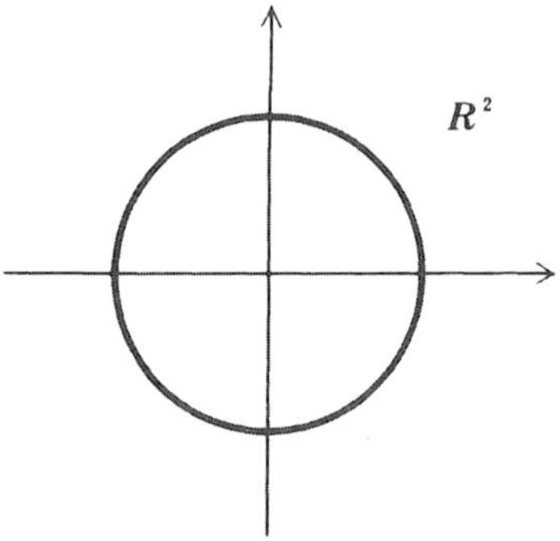

$\in S^1$ となる．よって，S^1 は $\boldsymbol{R}^2$ の閉集合である．同様に，n 次元球面

$$\boldsymbol{S}^n=\{(x_1,\cdots,x_{n+1})\in \boldsymbol{R}^{n+1} \mid {x_1}^2+\cdots+{x_{n+1}}^2=1\}$$

は $\boldsymbol{R}^{n+1}$ の閉集合である．また，放物線 $P=\{(x,y)\in \boldsymbol{R}^2 \mid y=x^2\}$，双曲線 $H=\{(x,y)\in \boldsymbol{R}^2 \mid x^2-y^2=1\}$ はいずれも $\boldsymbol{R}^2$ の閉集合である．

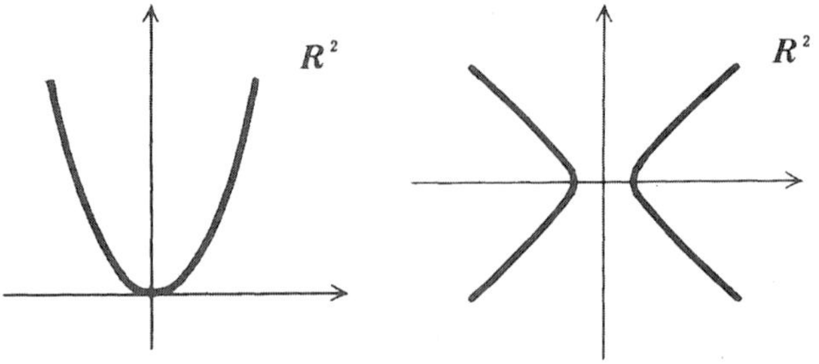

例 2.10　円板 $D^2=\{(x,y)\in \boldsymbol{R}^2 \mid x^2+y^2\leqq 1\}$ は $\boldsymbol{R}^2$ の閉集合である．実際，D^2 の点列 $(x_1,y_1),(x_2,y_2),\cdots,(x_m,y_m),\cdots$ が $\lim_{m\to\infty}(x_m,y_m)=(x,y)\in \boldsymbol{R}^2$ とすると，${x_m}^2+{y_m}^2\leqq 1$，$m=1,2,\cdots$ より $x^2+y^2\leqq 1$ となるからである．同様にすると，$M=\{(x,y)\in \boldsymbol{R}^2 \mid x^2+y^2\geqq 1\}$ も $\boldsymbol{R}^2$ の閉集合であることが分かる．

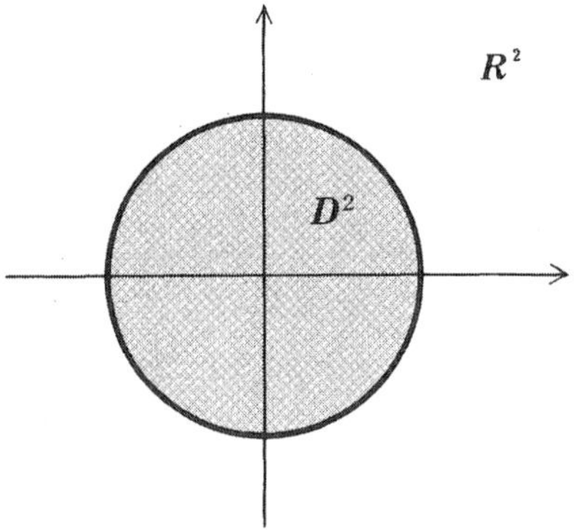

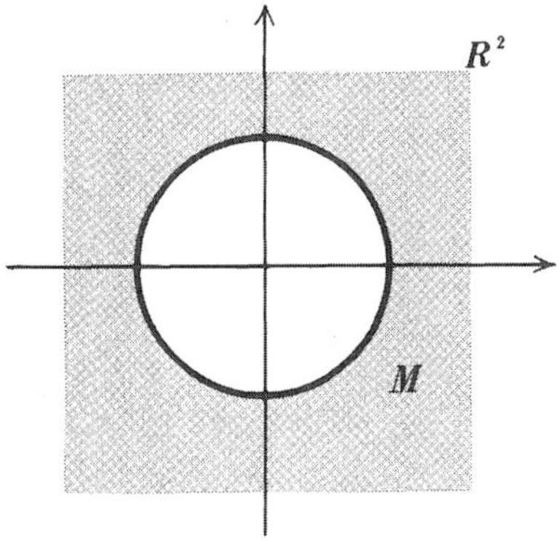

補題 2.11　(1)　$F \subset X \subset \boldsymbol{R}^n$ とする．F が $\boldsymbol{R}^n$ の閉集合であるならば，F は X の閉集合である．

(2)　$K \subset F \subset X \subset \boldsymbol{R}^n$ とする．F が X の閉集合であり，さらに K が F の閉集合ならば，K は X の閉集合である．

証明　(1) は定義より明らかである．

(2)　K の点列 $x_1, x_2, \cdots, x_m, \cdots$ が $\lim_{m \to \infty} x_m = x \in X$ とする．これを F の点列とみるとき，F が X の閉集合であるから，$x \in F$ である．さらに，K は F の閉集合であるから，$x \in K$ である．よって，K は X の閉集合である．

例 2.12　平面 $\boldsymbol{R}^2$ 内の直線 $\boldsymbol{R} = \{(x, 0) \mid x \in \boldsymbol{R}\}$ は $\boldsymbol{R}^2$ の閉集合である．実際，$(x_1, 0), (x_2, 0), \cdots, (x_m, 0), \cdots$ が $\lim_{m \to \infty} (x_m, 0) = (x, y)$ とすると，$y = 0$

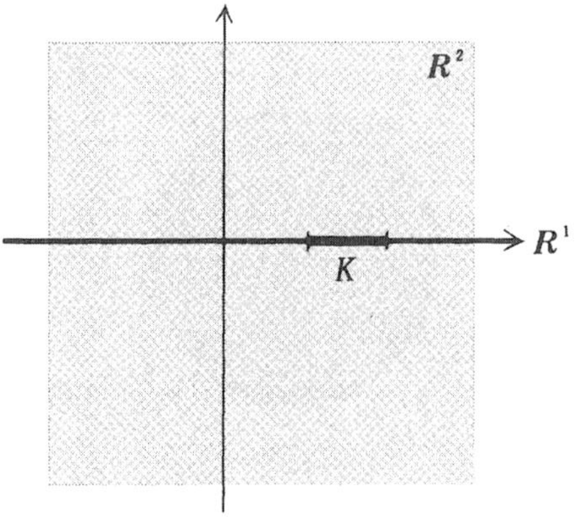

となるからである．したがって，$\boldsymbol{R}$ の閉集合 K は $\boldsymbol{R}^2$ の閉集合でもある(補題 2.11)．

閉集合に関して，次の定理は本質的である．

定理 2.13　$X\subset\boldsymbol{R}^n$ とする．X の閉集合に対して，次の (1), (2), (3) が成り立つ．

(1)　空集合 ϕ，X は共に X の閉集合である．

(2)　F_1，F_2 が X の閉集合ならば，和集合 $F_1\cup F_2$ も X の閉集合である．

(3)　F_λ, $\lambda\in\Lambda$ が X の閉集合ならば，共通集合 $\bigcap_{\lambda\in\Lambda}F_\lambda$ も X の閉集合である．

証明　(1)　X が X の閉集合であることは明らかである．空集合 ϕ について，ϕ には点列がとれないから，命題が成り立つとしてもよいし，「空集合 ϕ は X の閉集合であると約束する」としてもよい．

(2)　$F_1\cup F_2$ の点列 $x_1, x_2, \cdots, x_m, \cdots$ が $\lim_{m\to\infty} x_m=x\in X$ とする．点列 $x_1, x_2, \cdots, x_m, \cdots$ のうち，F_1，F_2 に属するものを順に並べたものを，それぞれ

$$x_{i_1}, x_{i_2}, \cdots, x_{i_m}, \cdots, \qquad x_{j_1}, x_{j_2}, \cdots, x_{j_m}, \cdots$$

とする．この添数 $\{i_1, i_2, \cdots, i_m, \cdots\}$, $\{j_1, j_2, \cdots, j_m, \cdots\}$ のいずれかは無限個あるので，いま前者がそうであるとしよう．このとき，$x_{i_1}, x_{i_2}, \cdots, x_{i_m}, \cdots$ は初めの点列 $x_1, x_2, \cdots, x_m, \cdots$ の部分列であるから，同じ x に収束する：

$\lim_{m\to\infty} x_{i_m}=x$(補題 2.5)．$F_1$ は X の閉集合であるから，$x\in F_1$ であり，したがって，$x\in F_1\cup F_2$ である．よって，$F_1\cup F_2$ は X の閉集合である．

(3)　$\bigcap_{\lambda\in\Lambda} F_\lambda$ の点列 $x_1, x_2, \cdots, x_m, \cdots$ が $\lim_{m\to\infty} x_m=x\in X$ とする．この点列は F_λ の点列であるから，F_λ が X の閉集合より，$x\in F_\lambda$ である．これがすべての $\lambda\in\Lambda$ で成り立つので，$x\in \bigcap_{\lambda\in\Lambda} F_\lambda$ である．よって，$\bigcap_{\lambda\in\Lambda} F_\lambda$ はX の閉集合である．

例 2.14　3 角形板 $\Delta=\{(x, y)\in \boldsymbol{R}^2 \mid x\geqq 0, y\geqq 0, x+y\leqq 1\}$ は $\boldsymbol{R}^2$ の閉集合である．実際，$F_1=\{(x, y)\in \boldsymbol{R}^2 \mid x\geqq 0\}$，$F_2=\{(x, y)\in \boldsymbol{R}^2 \mid y\geqq 0\}$，$F_3=\{(x, y)\in \boldsymbol{R}^2 \mid x+y\leqq 1\}$ はいずれも $\boldsymbol{R}^2$ の閉集合であることが容易に示される．$\Delta=F_1\cap F_2\cap F_3$ となっている．よって，Δ は $\boldsymbol{R}^2$ の閉集合である(定理 2 .13)．一般に，「ふち」を含む 3 角形板は $\boldsymbol{R}^2$ の閉集合である．

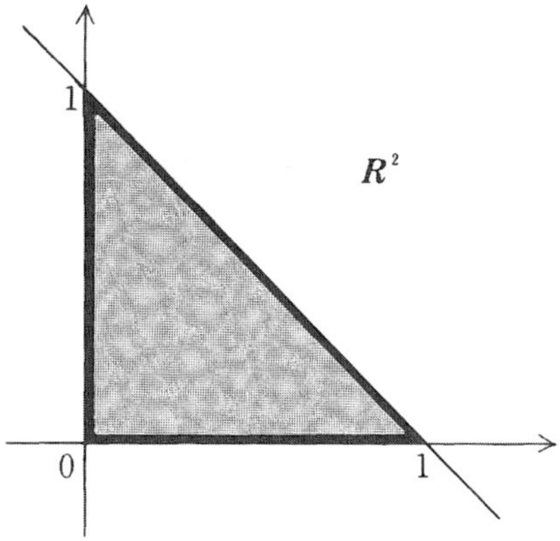

ここで，開集合の定義を与えておく．位相の導入は開集合で与えるのが普通であるが，本書で開集合を用いることは殆んどない．

定義　$X\subset \boldsymbol{R}^n$ とする．X の部分集合 O が X の**開集合**であるとは，補集合 $X-O$ が X の閉集合であることで定義する．

定理 2.15　$X\subset \boldsymbol{R}^n$ とする．X の開集合に対して，次の (1), (2), (3) が成り立つ．

(1)　空集合 ϕ，X は共に X の開集合である．

(2)　O_1, O_2 が X の開集合ならば，共通集合 $O_1 \cap O_2$ も X の開集合である．

(3)　O_λ, $\lambda \in \Lambda$ が X の開集合ならば，和集合 $\bigcup_{\lambda \in \Lambda} O_\lambda$ も X の開集合である．

証明　集合の de Morgan の法則

$$X - \bigcup_{\lambda \in \Lambda} O_\lambda = \bigcap_{\lambda \in \Lambda} (X - O_\lambda),$$

$$X - \bigcap_{\lambda \in \Lambda} O_\lambda = \bigcup_{\lambda \in \Lambda} (X - O_\lambda)$$

を知るならば，定理2.13より明らかである．

例 2.16　開円板 $E^2 = \{(x, y) \in \boldsymbol{R}^2 \mid x^2 + y^2 < 1\}$ は $\boldsymbol{R}^2$ の開集合である．

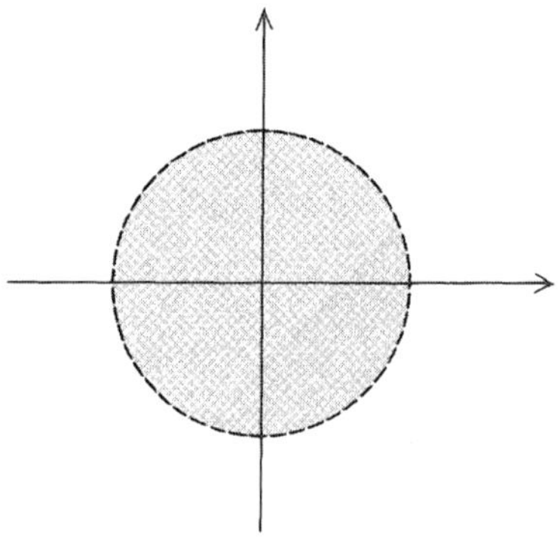

実際，$E^2 = \boldsymbol{R}^2 - M$，$M = \{(x, y) \in \boldsymbol{R}^2 \mid x^2 + y^2 \geqq 1\}$ であり，M が $\boldsymbol{R}^2$ の閉集合である（例 2.10）からである．

例 2.17　開線分 $E^1 = (-1, 1) = \{x \in \boldsymbol{R} \mid -1 < x < 1\}$ は $\boldsymbol{R}$ の開集合である（例 2.16 参照）が，（E^1 の点 x を $\boldsymbol{R}^2$ の点 $(x, 0)$ と同一視して）E^1 を $\boldsymbol{R}^2$ の部分集合とみなすと，E^1 は $\boldsymbol{R}^2$ の開集合でない．実際，$\boldsymbol{R}^2 - E^1$ の点列 $(0, 1), (0, \frac{1}{2}), \cdots, (0, \frac{1}{m}), \cdots$ は $(0, 0)$ に収束するが，$(0, 0) \notin \boldsymbol{R}^2 - E^1$ である．よって，$\boldsymbol{R}^2 - E^1$ は $\boldsymbol{R}$ の閉集合でなく，したがって，E^1 は $\boldsymbol{R}^2$ の開集合でない．このように，開集合には必ず何々の開集合という接頭語を必要とする．これは閉集合についても同じで，X のという接頭語が必要である．

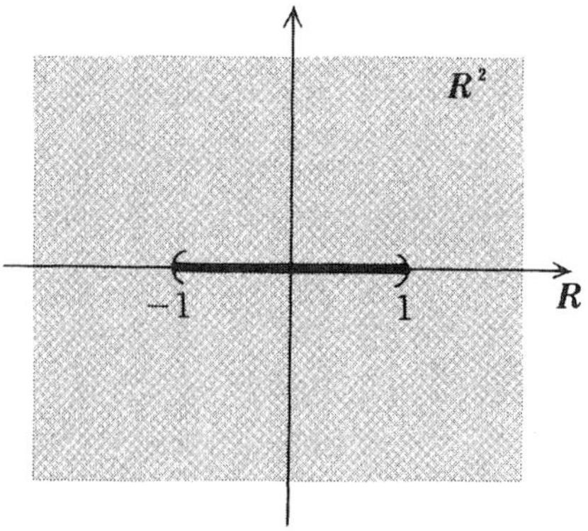

以上のようにして，$\boldsymbol{R}^n$ の部分集合 X は位相をもつことが分かった．すなわち，X の部分集合が閉集合であるか開集合であるかの判定が可能となった（もちろん，閉集合でも開集合でもない集合が殆んどではあるが）．以下，位相も考えに入れた $\boldsymbol{R}^n$ の部分集合 X を**図形**ということにする．

第 3 話　図形の直積

図形 X, Y から新しい図形 $X\times Y$ を構成することを考えよう．

定義　X, Y を集合とする．X の点 x と Y の点 y との対 (x, y) を考え，この対 (x, y) 全体の集合：

$$X\times Y=\{(x, y)\mid x\in X, y\in Y\}$$

を X と Y の**直積集合**という．

X, Y が図形であるときには，直積集合 $X\times Y$ にも位相をいれて図形になるのであるが，その前に，直積図形 $X\times Y$ の直観的な考察をしよう．今までのように，次の記号を用いる．

直線　$\boldsymbol{R}$

線分　$I=[0, 1]$

2 点　$S^0=\{-1, 1\}$　・　・

円　$S^1=\{(x, y)\in\boldsymbol{R}^2\mid x^2+y^2=1\}$

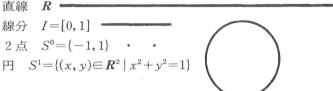

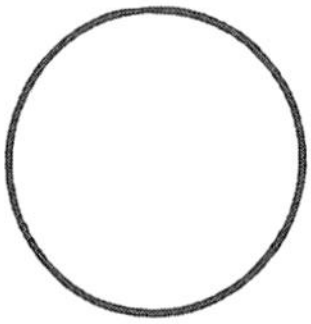

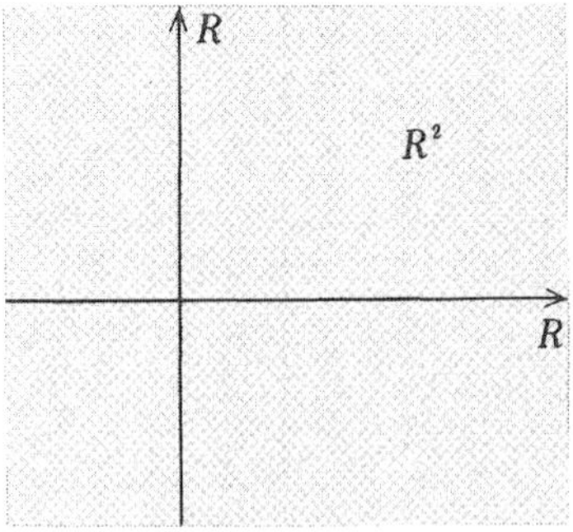

$\boldsymbol{R}\times\boldsymbol{R}=\boldsymbol{R}^2$

例 3.1　2 つの直線 $\boldsymbol{R}$ の直積図形 $\boldsymbol{R}\times\boldsymbol{R}$ は平面 $\boldsymbol{R}^2$ のことにほかならない：

$$\boldsymbol{R}\times\boldsymbol{R}=\boldsymbol{R}^2$$

同様に，平面 $\boldsymbol{R}^2$ と直線 $\boldsymbol{R}$ の直積図形 $\boldsymbol{R}^2\times\boldsymbol{R}$ は空間 $\boldsymbol{R}^3$ のことである：

$$\boldsymbol{R}^2\times\boldsymbol{R}=\boldsymbol{R}^3=\boldsymbol{R}\times\boldsymbol{R}^2$$

例 3.2　2 つの線分 I の直積図形

$I \times I$ は正方形板 I^2 のことである．また，直線 $\boldsymbol{R}$ と線分 I の直積図形 $\boldsymbol{R} \times I$ は無限に延びた帯状の図形である．

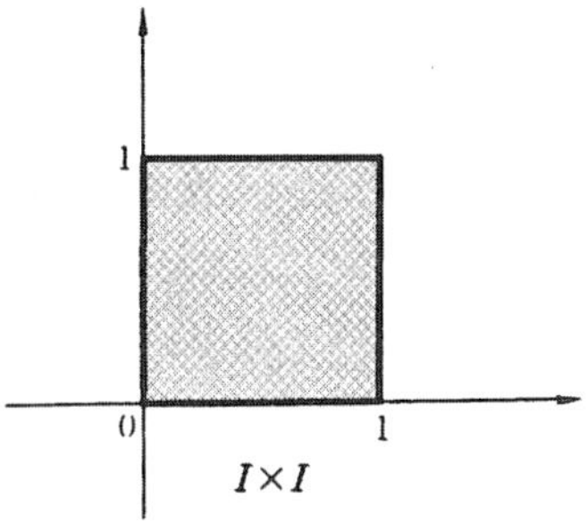

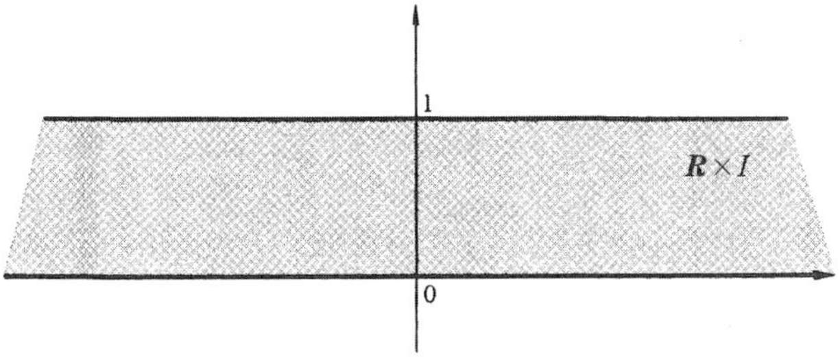

例 3.3　2 つの S^0 の直積図形 $S^0 \times S^0$ は 4 点である．S^0 と直線 $\boldsymbol{R}$ の

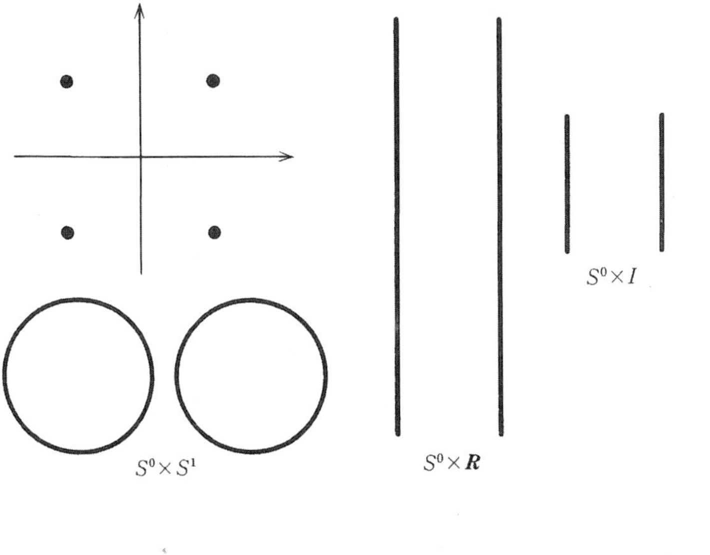

直積図形 $S^0\times\boldsymbol{R}$ は2本の直線であり，S^0 と線分 I の直積図形 $S^0\times I$ は2本の線分である．また，$S^0\times S^1$ は離れた2つの円のことである．

例 3.4　円 S^1 と直線 $\boldsymbol{R}$ の直積図形 $S^1\times\boldsymbol{R}$ は無限に延びた円柱面であり，円 S^1 と線分 I の直積図形 $S^1\times I$ は円柱面である．

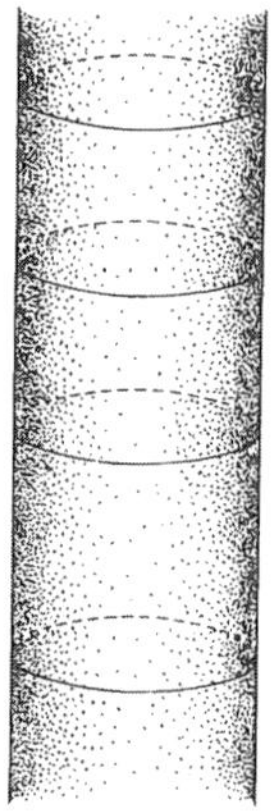

$S^1\times\boldsymbol{R}$

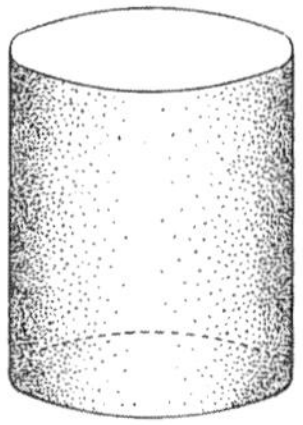

$S^1\times I$

例 3.5　2つの円 S^1 の直積図形 $S^1\times S^1$ はトーラス T である．

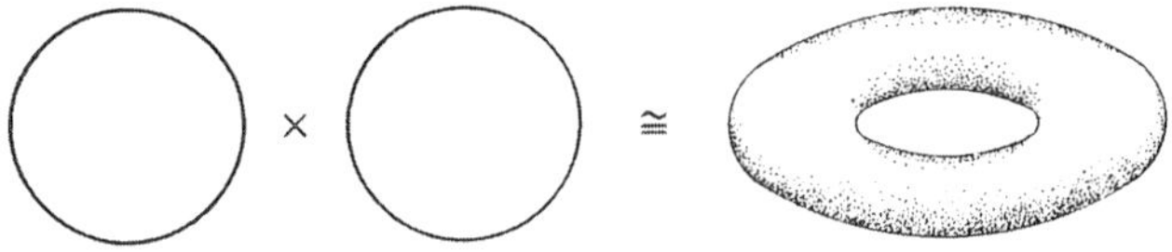

これを理解するために，2つの図形 X, Y の直積図形を次のようにみよう．$X\times Y$ において，X の1点 x を固定し，Y の点 y を動かした図形

$$x\times Y=\{(x, y)\mid y\in Y\}$$

を考えると，これは Y と同じ図形である．だから，$X\times Y$ は図形 X の各点 x に図形 Y をくっつけてできた図形であるとみなすのである．円 S^1 の各点 x に線分 I をくっつけて行くと円柱面ができるが，これが直積図形 $S^1\times I$ であった (例 3.4)．

さて，円 S^1 の各点に円 S^1 をくっつけて行くと，トーラス T が生ずるであろう．だから，トーラス T は2つの円 S^1 の直積というわけであ

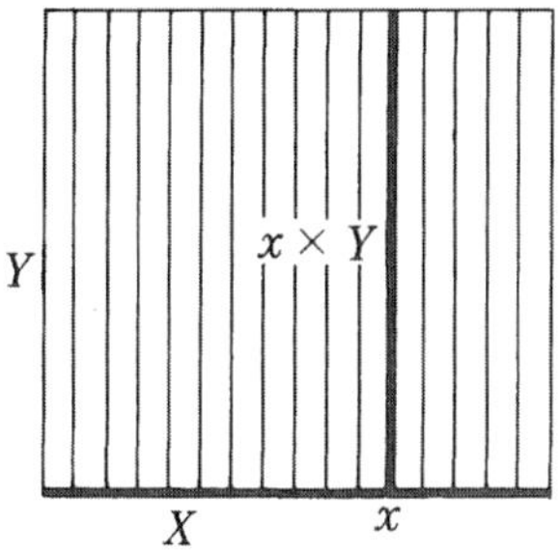

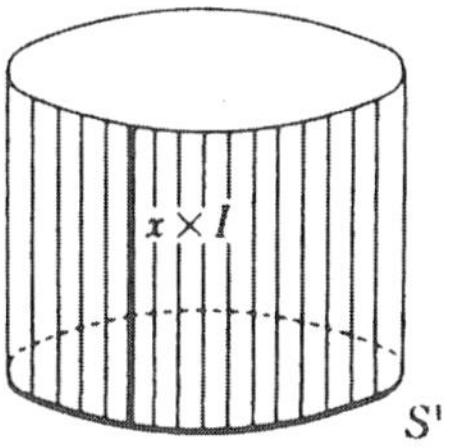

る．しかし，トーラス T とは何であるかを数学的に問われると，それは $S^1\times S^1$ のことであると定義するということになってしまうかもしれない：

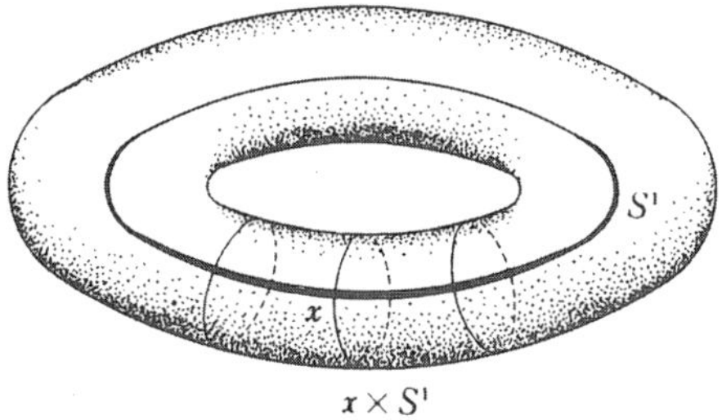

$T=S^1\times S^1$

X, Y が図形であるとき，直積集合 $X\times Y$ に位相をいれて図形とみなすことを考えよう．

定義　$\boldsymbol{R}^n$ と $\boldsymbol{R}^m$ の直積集合 $\boldsymbol{R}^n\times\boldsymbol{R}^m$ の点 $((x_1,\cdots,x_n),(y_1,\cdots,y_m))$ を $\boldsymbol{R}^{n+m}$ の点 $(x_1,\cdots,x_n,y_1,\cdots,y_m)$ を同一視することにより

$$\boldsymbol{R}^n\times\boldsymbol{R}^m=\boldsymbol{R}^{n+m}$$

とみなすことにする．さて，X, Y をそれぞれ $\boldsymbol{R}^n$, $\boldsymbol{R}^m$ の図形とする：$X\subset\boldsymbol{R}^n$, $Y\subset\boldsymbol{R}^m$．このとき

$$X\times Y\subset\boldsymbol{R}^n\times\boldsymbol{R}^m=\boldsymbol{R}^{n+m}$$

となるので，$X\times Y$ の位相がはいり，$X\times Y$ は $\boldsymbol{R}^{n+m}$ の図形になる．この図形 $X\times Y$ を X, Y の**直積図形**という．

これにより，例 3.1～例 3.5 にある円柱面，トーラス等はすべて図形であることになった。

第 4 話　compact 集合

位相幾何学はじめ，数学全般に亘って重要な compact 集合について述べよう．

定義　X を $\boldsymbol{R}^n$ の部分集合とする．ある正数 K が存在し

$$x \in X \quad \text{ならば} \quad |x| \leqq K$$

となるとき，X は**有界**であるという．

例 4.1

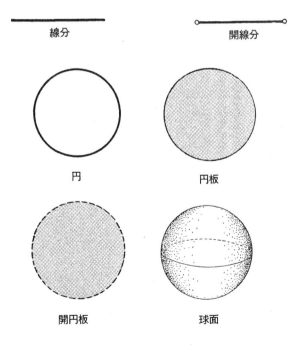

線分

開線分

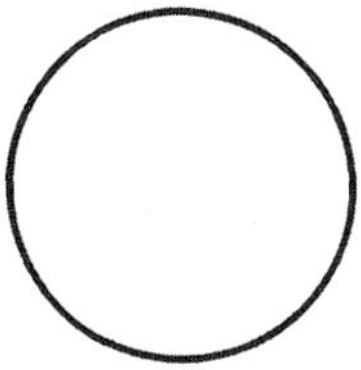

円

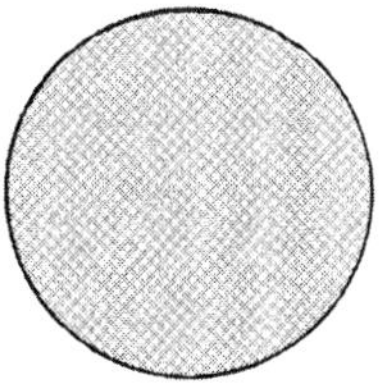

円板

開円板

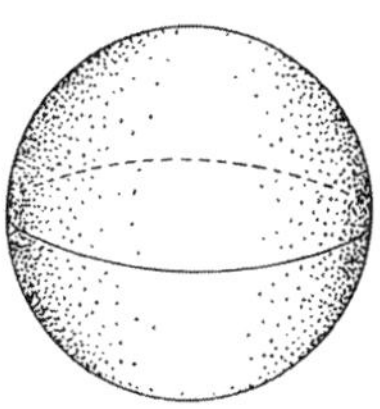

球面

はいずれも有界である．

例 4.2　次の図形はいずれも有界でない．また，$\boldsymbol{R}^2$ も，より一般に $\boldsymbol{R}^n$ も有界でない．

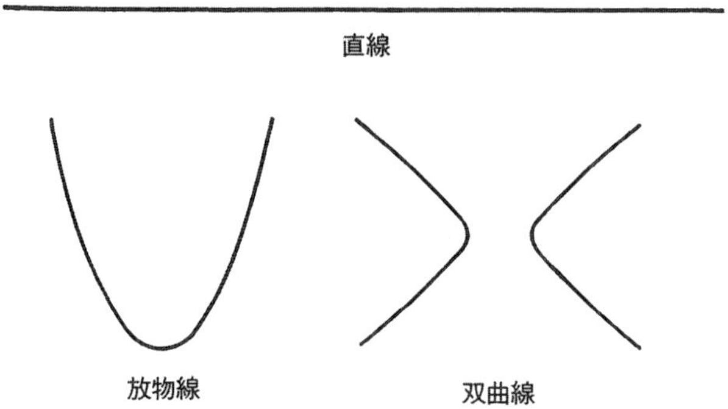

定義　$\boldsymbol{R}^n$ の有界閉集合 X を **compact 集合**という．

例 4.3

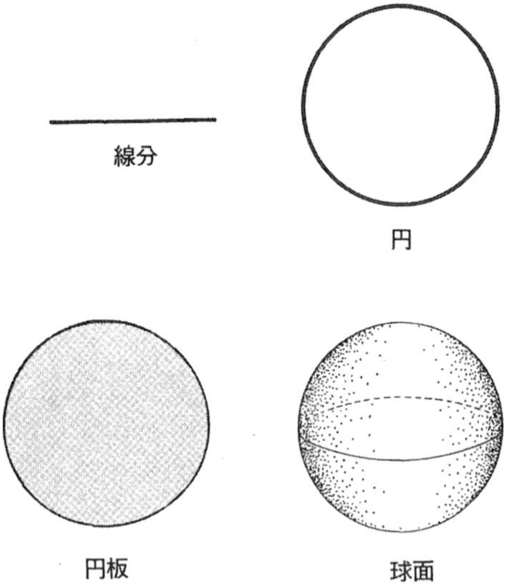

はいずれも compact である（例 2.7，例 2.9，例 2.10 と例 4.1）．

例 4.4　次の図形はいずれも compact でない．実際，直線，放物線，双曲線は（$\boldsymbol{R}^2$ の閉集合であるが）有界でないからである．開線分，開円板は（有界であるが）それぞれ $\boldsymbol{R}$，$\boldsymbol{R}^2$ の閉集合でないからである．

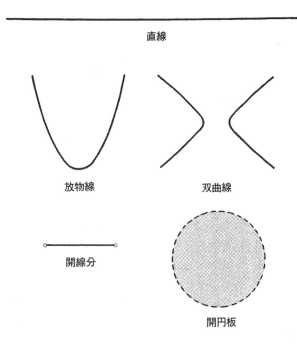

直線

放物線

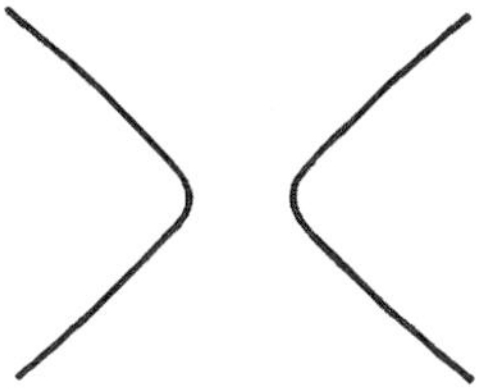

双曲線

開線分

開円板

> **補題 4.5**　compact 図形 X の閉集合 F はまた compact である．

証明　X は $\boldsymbol{R}^n$ の閉集合であり，かつ F は X の閉集合であるから，F は $\boldsymbol{R}^n$ の閉集合である（補題 2.11）．また，F は有界集合 X の部分集合として，当然有界である．よって，F は compact である．

次の命題は基本的であり重要である．逆も成り立つが，それは後（定理 8.3）で示す．

> **命題 4.6**　図形 X, Y に対して
>
> X, Y が compact　ならば　$X \times Y$ も compact
>
> が成り立つ．

証明　$X\subset \boldsymbol{R}^n$, $Y\subset \boldsymbol{R}^m$ とする．$X\times Y$ は $\boldsymbol{R}^{n+m}$ の閉集合である．実際，$X\times Y$ の点列 $(x_1, y_1), (x_2, y_2), \cdots, (x_k, y_k)\cdots$ が $\lim_{k\to\infty}(x_k, y_k)=(x, y)\in \boldsymbol{R}^{n+m}$ とする．これは，$\lim_{k\to\infty} x_k=x\in \boldsymbol{R}^n$, $\lim_{k\to\infty} y_k=y\in \boldsymbol{R}^m$ と同じである（補題2.4）．X, Y がそれぞれ $\boldsymbol{R}^n$, $\boldsymbol{R}^m$ の閉集合であるから，$x\in X, y\in Y$，すなわち，$(x, y)\in X\times Y$ となる．よって，$X\times Y$ は $\boldsymbol{R}^{n+m}$ の閉集合である．つぎに，X, Y は有界集合であるから，正数 K_1, K_2 が存在し，

$$x\in X \quad \text{ならば} \quad |x|\leqq K_1, \qquad y\in Y \quad \text{ならば} \quad |y|\leqq K_2$$

となる．点 $(x, y)\in X\times Y$ の長さは $|(x, y)|=\sqrt{|x|^2+|y|^2}$ で定義されているから

$$(x, y)\in X\times Y \quad \text{ならば} \quad |(x, y)|\leqq\sqrt{K_1{}^2+K_2{}^2}$$

となる．よって，$X\times Y$ は有界である．以上で，$X\times Y$ が compact であることが示された．

例 4.7　線分 I, 円 S^1 は compact である（例 4.3）から，その直積図形である正方形板 I^2，円柱面 $S^1\times I$，トーラス $T=S^1\times S^1$ はいずれも compact である（命題 4.6）．

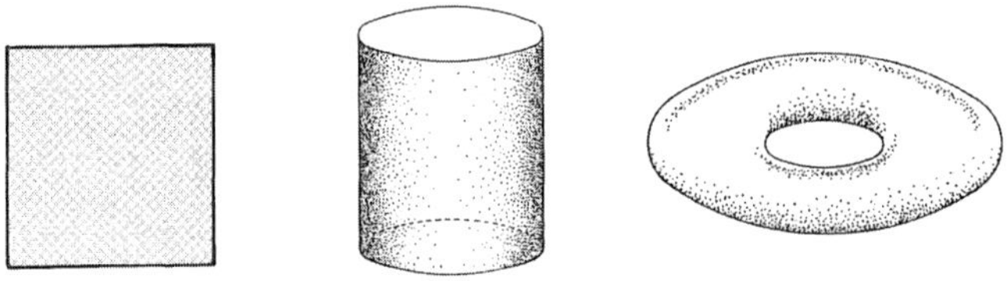

第 5 話　連続写像

X, Y を集合とし，$f: X \to Y$ を写像とする．写像のことは既知としたいが，少し注意しておく．写像 f は，任意の点 $x \in X$ に対し，Y の点 $f(x)$ を唯 1 つ定めているということは重要である．例えば

$$f: \boldsymbol{R} \to \boldsymbol{R}, \qquad f(x) = \frac{1}{x},$$

$$g: \boldsymbol{R} \to \boldsymbol{R}, \qquad g(x) = \sqrt{x}$$

はいずれも写像ではない．実際，$f(0) = \frac{1}{0}$ は意味がないし，$g(-1) = \sqrt{-1}$ は $\boldsymbol{R}$ の元でないからである．これらをそれぞれ

$$f: \boldsymbol{R} - \{0\} \to \boldsymbol{R}, \qquad f(x) = \frac{1}{x},$$

$$g: \boldsymbol{R}_+ = \{x \in \boldsymbol{R} \mid x \geqq 0\} \to \boldsymbol{R}, \qquad g(x) = \sqrt{x}$$

と訂正すると写像になる．

図形 X, Y を比較して調べるとき，連続写像 $f: X \to Y$ を用いることになる．この連続の定義を与えよう．

定義　X, Y を図形とする．写像 $f: X \to Y$ が条件

$$\lim_{m \to \infty} x_m = x \quad ならば \quad \lim_{m \to \infty} f(x_m) = f(x)$$

を満たすとき，f は**連続**であるという．

例 5.1

$$f: \boldsymbol{R} \to \boldsymbol{R}, \qquad f(x) = x^2,$$

$$f: \boldsymbol{R} - \{0\} \to \boldsymbol{R}, \qquad f(x) = \frac{1}{x}$$

$$f: \boldsymbol{R} \to \boldsymbol{R}, \qquad f(x) = \sin x, \cos x,$$

$$f: \boldsymbol{R} \to \boldsymbol{R}, \qquad f(x) = e^x,$$

$$f : \boldsymbol{R}_+ = \{x \in \boldsymbol{R} \mid x \geqq 0\} \to \boldsymbol{R}, \quad f(x) = \sqrt{x},$$
$$f : \boldsymbol{R}^+ = \{x \in \boldsymbol{R} \mid x > 0\} \to \boldsymbol{R}, \quad f(x) = \log x,$$
$$f : \left(-\frac{\pi}{2}, \frac{\pi}{2}\right) = \left\{x \in \boldsymbol{R} \;\middle|\; -\frac{\pi}{2} < x < \frac{\pi}{2}\right\} \to \boldsymbol{R}, \quad f(x) = \tan x$$

はいずれも連続写像である（既知とする）．

例 5.2　命題 2.1 は，写像

$$f : \boldsymbol{R} \times \boldsymbol{R} \to \boldsymbol{R}, \quad f(x, y) = x + y,$$
$$g : \boldsymbol{R} \times \boldsymbol{R} \to \boldsymbol{R}, \quad g(x, y) = xy$$

が連続であることを示している．

例 5.3　写像　$f : \boldsymbol{R}^n \to \boldsymbol{R}, \quad f(x) = |x|$

は連続である．これは $|x| = |(x_1, \cdots, x_n)| = \sqrt{x_1{}^2 + \cdots + x_n{}^2}$ の式の形から明らかであるといえるが，次のような証明を与えておこう．$|x| = |(x-y) + y| \leqq |x-y| + |y|$ より，$|x| - |y| \leqq |x-y|$ となる．x と y を入れ替えると $|y| - |x| \leqq |x-y|$ ともなるので，結局

$$||x| - |y|| \leqq |x-y|$$

を得る．さて，$\boldsymbol{R}^n$ の点列 $x_1, x_2, \cdots, x_m, \cdots$ が $\lim_{m\to\infty} x_m = x$ とする．

$$||x_m| - |x|| \leqq |x_m - x|$$

において $m \to \infty$ とすると，$\lim_{m\to\infty} ||x_m| - |x|| \leqq \lim_{m\to\infty} |x_m - x| = 0$ となり，$\lim_{m\to\infty} ||x_m| - |x|| = 0$ を得る．すなわち，$\lim_{m\to\infty} |x_m| = |x|$ となる．よって，f は連続である．

定義　X, Y を集合とする．写像 $p : X \times Y \to X$, $q : X \times Y \to Y$ をそれぞれ

$$p(x, y) = x, \quad q(x, y) = y$$

で定義し，p を（$X \times Y$ から）**X への射影**，q を（$X \times Y$ から）**Y への射影**という．

補題 5.4　X, Y を図形とする．射影 $p : X \times Y \to X$, $q : X \times Y \to Y$ は連続である．

証明　$X \times Y$ の点列 $(x_1, y_1), (x_2, y_2), \cdots, (x_m, y_m), \cdots$ が $\lim_{m\to\infty} (x_m, y_m) = (x, y)$ とする．これは $\lim_{m\to\infty} x_m = x$, $\lim_{m\to\infty} y_m = y$ と同じである（補題 2.4）

が，前者が p の連続，後者が q の連続を示している．

補題 5.5　Z, X, Y を図形とする．写像 $f: Z \to X$, $g: Z \to Y$ が連続ならば，写像

$$h: Z \to X \times Y,\quad h(z) = (f(z), g(z))$$

も連続である．

証明　Z の点列 $z_1, z_2, \cdots, z_m, \cdots$ が $\lim_{m\to\infty}(z_m) = z$ とする．f, g は連続であるから，$\lim_{m\to\infty} f(z_m) = f(z)$, $\lim_{m\to\infty} g(z_m) = g(z)$ となるが，これは $\lim_{m\to\infty}(f(z_m), g(z_m)) = (f(z), g(z))$ と同じである（補題 2.4）．これは $\lim_{m\to\infty} h(z_m) = h(z)$ のことであるから，h の連続が示された．

次の定理 5.6 は基本的である．

定義　X, Y を集合とし，$f: X \to Y$ を写像とする．Y の部分集合 B に対し，X の部分集合

$$f^{-1}(B) = \{x \in X \mid f(x) \in B\}$$

を B の f による**逆像**（または**原像**）という．

定理 5.6　X, Y を図形とする．写像 $f: X \to Y$ に対し，次の 3 つの条件は同値である．

(1)　f は連続である．

(2)　Y の任意の閉集合 F に対し，$f^{-1}(F)$ は X の閉集合である．

(3)　X の任意の開集合 O に対し，$f^{-1}(O)$ は X の開集合である．

証明　(1)⇒(2)　F を Y の閉集合とする．$f^{-1}(F)$ の点列 $x_1, x_2, \cdots, x_m, \cdots$ が $\lim_{m\to\infty} x_m = x \in X$ とする．f が連続であるとすると，$\lim_{m\to\infty} f(x_m) = f(x) \in Y$ となる．しかるに，$f(x_m) \in F$, $m = 1, 2, \cdots$ であり，F が Y の閉集合であるから，$f(x) \in F$，すなわち，$x \in f^{-1}(F)$ となる．よって，$f^{-1}(F)$ は X の閉集合である．

(2)⇒(1)　背理法による．f が連続でないとすると，$\lim_{m\to\infty} x_m = x$ であっても $\lim_{m\to\infty} f(x_m) \neq f(x)$ となる X の点列 $x_1, x_2, \cdots, x_m, \cdots$ と X の点 x が存在する．$\lim_{m\to\infty} f(x_m) \neq f(x)$ より，正数 $\varepsilon > 0$ が存在し，任意の自然数 M

に対し，$m>M$ なる m があって，$|f(x_m)-f(x)|\geqq\varepsilon$ となる．したがって，$x_1, x_2, \cdots, x_m, \cdots$ の中から

$$|f(x_{i_m})-f(x)|\geqq\varepsilon, \qquad m=1,2,\cdots$$

をみたす部分列 $x_{i_1}, x_{i_2}, \cdots, x_{i_m}, \cdots$ を選ぶことができる．一般に

$$F=\{y\in Y \mid |y-f(x)|\geqq\varepsilon\}$$

は Y の閉集合である(実際，F の点列 $y_1, y_2, \cdots, y_m, \cdots$ が $\lim_{m\to\infty} y_m=y\in Y$ ならば，$y\in F$ が容易に示されるからである)．さて，$x_{i_1}, x_{i_2}, \cdots, x_{i_m}, \cdots$ は $f^{-1}(F)$ の点列であり，$\lim_{m\to\infty} x_{i_m}=x\in X$ である (補題 2.5) から，$f^{-1}(F)$ が Y の閉集合である仮定(2)より，$x\in f^{-1}(F)$，すなわち，$f(x)\in F$ となる．これより，$0=|f(x)-f(x)|\geqq\varepsilon$ となり，矛盾する．以上で，f が連続であることが証明された．

(2)⇒(3)　O を Y の開集合とする．一般に，集合として

$$X-f^{-1}(O)=f^{-1}(Y-O)$$

が成り立つ．さて，$Y-O$ は Y の閉集合であるから，(2)の仮定より，$f^{-1}(Y-O)$，すなわち，$X-f^{-1}(O)$ は X の閉集合である．よって，$f^{-1}(O)$ は X の開集合である．

(3)⇒(2)　Y の閉集合 F に対し，$X-f^{-1}(F)=f^{-1}(Y-F)$ を用いると，(2)⇒(3) のときと同様にして証明される．

例 5.7　$S^n=\{x\in \boldsymbol{R}^{n+1} \mid |x|=1\}$ は $\boldsymbol{R}^{n+1}$ の閉集合である．実際，$f: \boldsymbol{R}^{n+1}\to\boldsymbol{R}$，$f(x)=|x|$ は連続であった(例 5.3)．さて，$S^n=f^{-1}(1)$ は，$\boldsymbol{R}$ の閉集合である 1 点 $\{1\}$ (例 2.6) の f による逆像として，$\boldsymbol{R}^{n+1}$ の閉集合である (定理 5.6)．

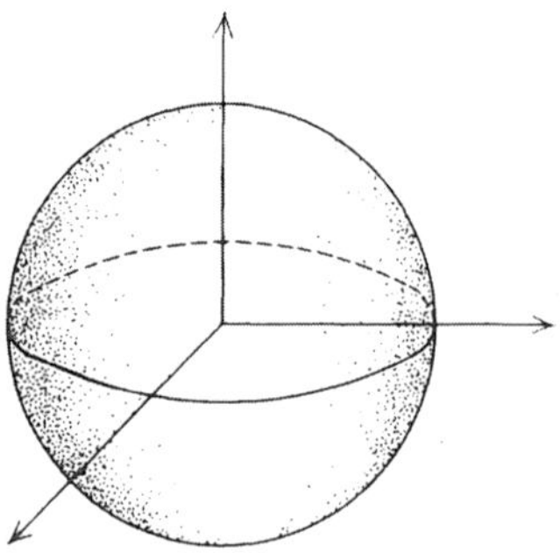

$$E^n=\{x\in \boldsymbol{R}^n \mid |x|<1\}$$

は $\boldsymbol{R}^n$ の開集合である．実際，$O=\{t\in \boldsymbol{R} \mid t<1\}$ とおくと，$E^n=f^{-1}(O)$ である．O は $\boldsymbol{R}$ の開集合であるから，E^n は O の f による逆像として，$\boldsymbol{R}^n$ の開集合である（定理 5.6）．これらは例 2.9，例 2.16 の別証明であるが，本質的には同じものである．

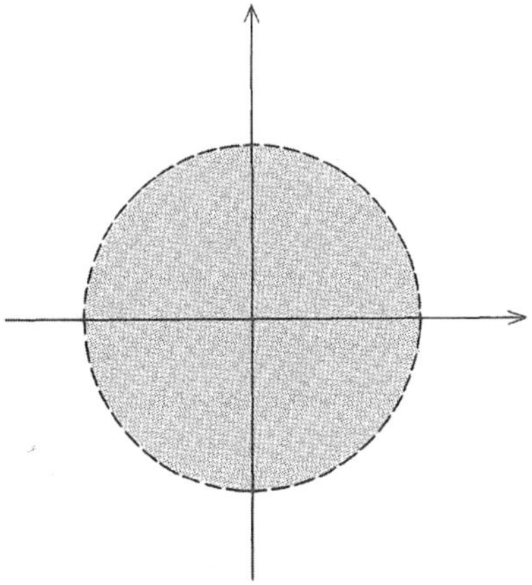

定義　X, Y, Z を集合とする．

(1)　2つの写像 $f: X\to Y$，$g: Y\to Z$ に対し

$$h(x)=g(f(x))$$

と定義すると，写像 $h: X\to Z$ を得る．この h を f と g の**合成写像**といい，$h=gf$ で表す．

(2)　写像 $1_X: X\to X$，$1_X(x)=x$ を X の**恒等写像**という．1_X を単に 1 とかくことが多い．

補題 5.8　X, Y, Z を図形とする．

(1)　写像 $f: X\to Y$，$g: Y\to Z$ が連続ならば，合成写像 $gf: X\to Z$ も連続である．

(2)　恒等写像 $1: X\to X$ は連続である．

証明　(1)　X の点列 $x_1, x_2, \cdots, x_m, \cdots$ が $\lim_{m\to\infty} x_m=x$ とする．f の連続性より，$\lim_{m\to\infty} f(x_m)=f(x)$ となり，さらに g の連続性より，$\lim_{m\to\infty} g(f(x_m))=$

$g(f(x))$，すなわち，$\lim_{m\to\infty}(gf)(x_m)=(gf)(x)$ となる．よって，gf は連続である．

(2)　明らかである．

例 5.9　　$f:\boldsymbol{R}^n-\{0\}\to\boldsymbol{R}^n$，$f(x)=\dfrac{x}{|x|}$

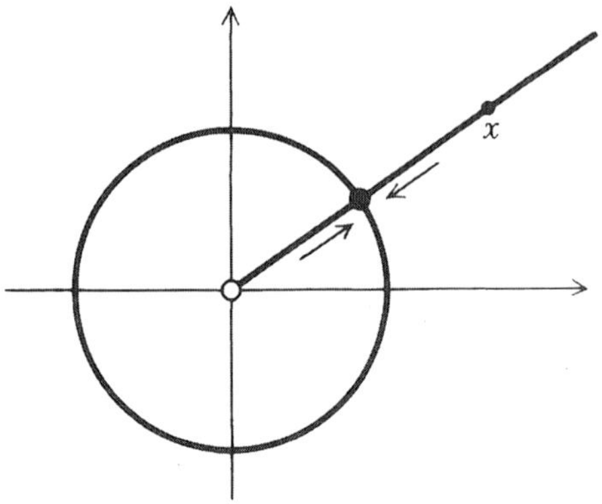

は連続写像である．実際，f は次の 4 つの連続写像

$$f_1:\boldsymbol{R}^n\to\boldsymbol{R}^n\times\boldsymbol{R}^n \qquad f_1(x)=(x,x)$$

$$f_2:\boldsymbol{R}^n\times\boldsymbol{R}^n\to\boldsymbol{R}\times\boldsymbol{R}^n, \qquad f_2(x,y)=(|x|,y)$$

$$f_3:(\boldsymbol{R}-\{0\})\times\boldsymbol{R}^n\to\boldsymbol{R}\times\boldsymbol{R}^n, \qquad f_3(\lambda,x)=\left(\frac{1}{\lambda},x\right)$$

$$f_4:\boldsymbol{R}\times\boldsymbol{R}^n\to\boldsymbol{R}^n, \qquad f_4(\lambda,x)=\lambda x$$

の合成である：$f=f_4f_3f_2f_1$ からである（補題 5.8）（ただし，定義域は適当に制限する必要がある）．

第 6 話　弧状連結集合

図形の弧状連結性について述べよう．直観的には，図形がつながっているとき弧状連結であるといい，2つ以上の図形に分かれているとき弧状連結でないという．以下，I はつねに

$$I=[0,1]=\{t\in \boldsymbol{R} \mid 0\leqq t\leqq 1\}$$

を表す．

定義　X を図形とする．連続写像 $u: I\to X$ を X の**道**という．$u(0)=x_0$, $u(1)=x_1$ とするとき，u を x_0 と x_1 を結ぶ X の道ともいう．

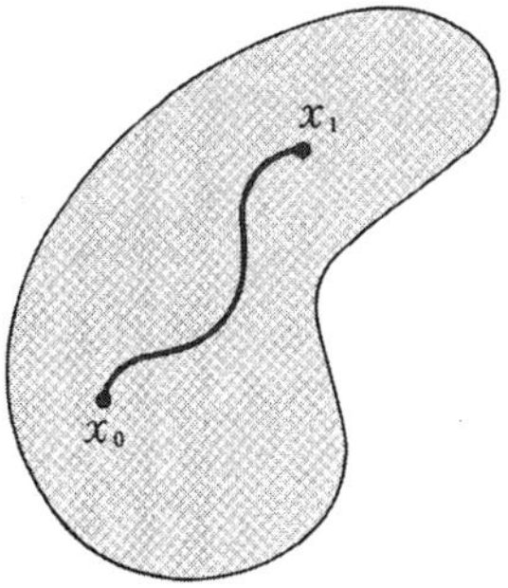

定義　図形 X の任意の2点 x_0, x_1 に対して，x_0 と x_1 を結ぶ X の道が存在するとき，X は**弧状連結**であるという．

例 6.1　1点 $\{x\}$ は弧状連結である．2点からなる集合 $S^0=\{-1,1\}$ は弧状連結でない．これを証明するには，いわゆる中間値の定理

「連続関数 $u: I\to \boldsymbol{R}$ が $u(0)=-1$, $u(1)=1$ ならば，u は -1, 1 の間の値（例えば 0）をとる」

を用いるとよい．

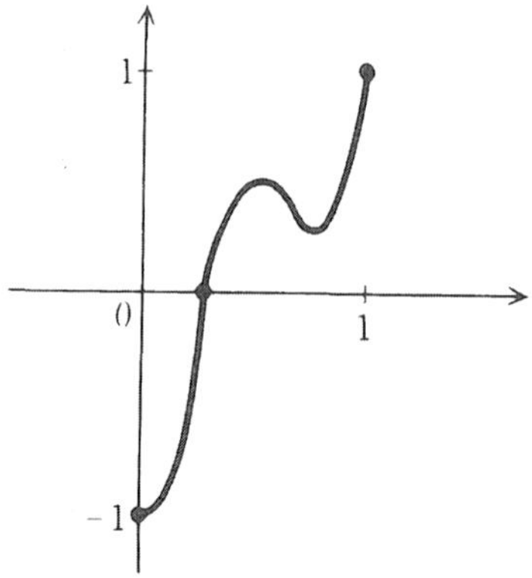

例 6.2　直線 $\boldsymbol{R}$，平面 $\boldsymbol{R}^2$，さらに，$\boldsymbol{R}^n$ は弧状連結である．実際，2 点 $x_0, x_1 \in \boldsymbol{R}^n$ は，道 $u : I \to \boldsymbol{R}^n$，$u(t)=(1-t)x_0+tx_1$ で結べるからである．同様な証明で，線分 I，開線分 E^1，半開線分 L，円板 D^2，開円板 E^2 が弧状連結であることが示される．

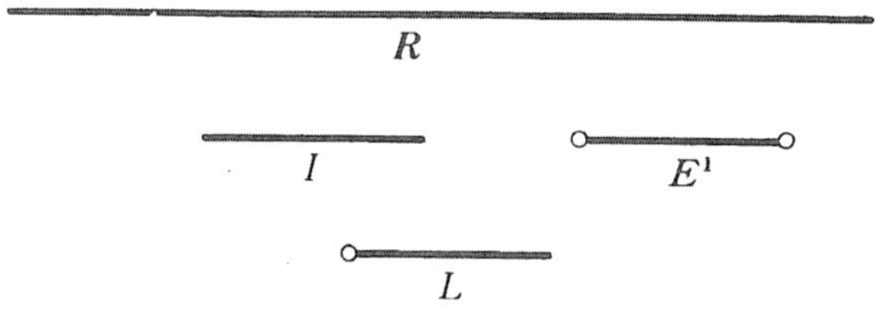

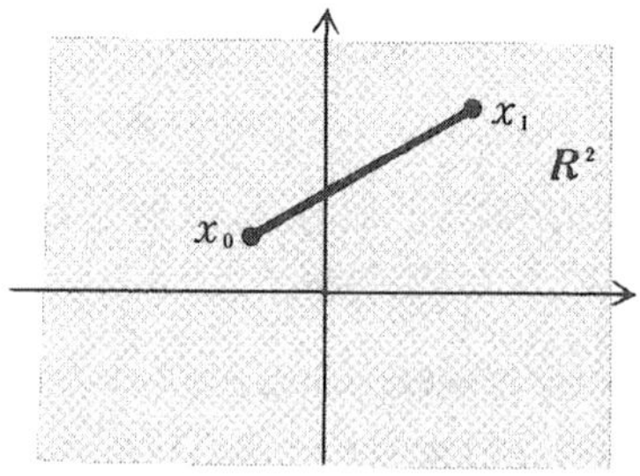

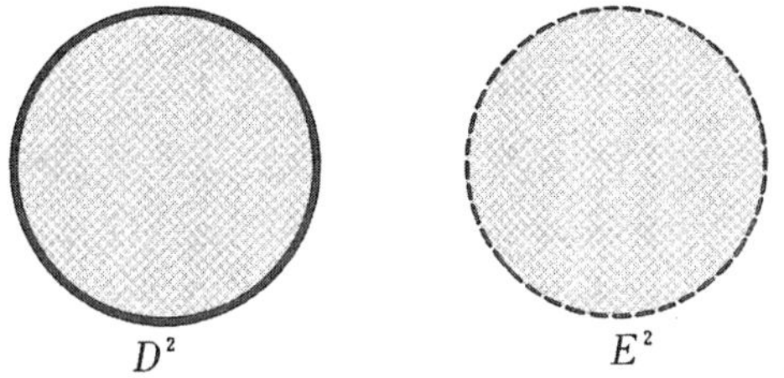

例 6.3　直線 $\boldsymbol{R}$ から原点 0 を除いた図形は弧状連結でない（証明には中間値の定理（例 6.1）を用いるとよい）．

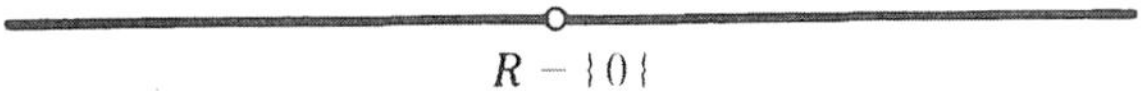

例 6.4　$n \geqq 2$ ならば，$\boldsymbol{R}^n$ から原点 0 を除いた図形 $\boldsymbol{R}^n-\{0\}$ は弧状連結である．実際，$\boldsymbol{R}^n-\{0\}$ の 2 点 x，y を線分で結べばよいが，その線分 xy が原点 0 を通るときには，直線 xy 上にない点 z をとり（このために $n \geqq 2$ の条件が必要である），x と z を線分で結び，つぎに z と y を線分で結べば，x と y を結ぶ $\boldsymbol{R}^n-\{0\}$ の道がつくれる．

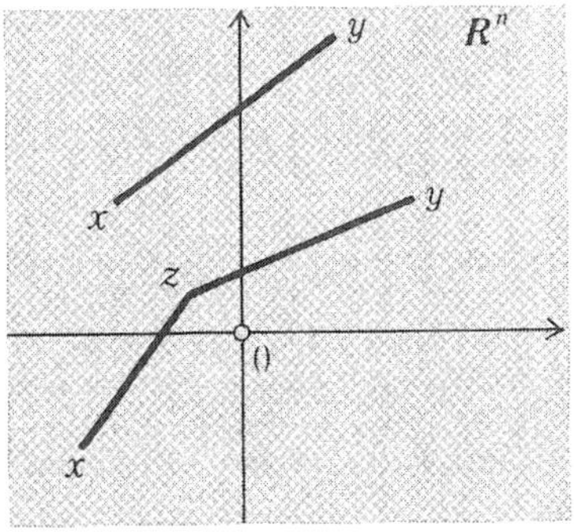

次の命題 6.5 を述べるために，写像の全射性が必要となるので定義しておく．これについては次節で再び述べることになるだろう．

定義　X，Y を集合とし，$f: X \to Y$ を写像とする．Y の部分集合 $f(X)=\{f(x) \mid x \in X\}$ を，X の f による**像**という．$f(X)=Y$ とな

るとき，すなわち，任意の点 $y \in Y$ に対し $f(x)=y$ となる点 $x \in X$ が存在するとき，f は**全射**であるという．

定理 6.5　X，Y を図形とし，$f: X \to Y$ を連続な全射とする．このとき

X が弧状連結　ならば　Y も弧状連結

が成り立つ．

証明　Y の 2 点 y_0, y_1 に対して，f が全射であるから，$f(x_0)=y_0$, $f(x_1)=y_1$ となる X の点 x_0，x_1 がとれる．X は弧状連結であるから，x_0 と x_1 を結ぶ道 $u: I \to X$ をとると，$fu: I \to Y$ は y_0 と y_1 を結ぶ道である（補題 5.8）．よって，Y は弧状連結である．

例 6.6　球面 $S^n=\{x \in \boldsymbol{R}^{n+1} \mid |x|=1\}$ $(n \geqq 1)$ は弧状連結である．実際，写像 $f: \boldsymbol{R}^{n+1}-\{0\} \to S^n$，$f(x)=\dfrac{x}{|x|}$ は連続な（例 5.9）全射である．$n \geqq 1$ ならば $\boldsymbol{R}^{n+1}-\{0\}$ は弧状連結である（例 6.4）から，S^n も弧状連結である（定理 6.5）．

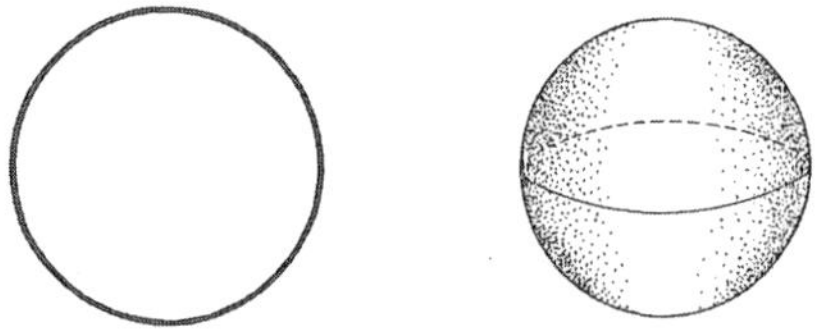

例 6.7　放物線 $P=\{(x, x^2) \mid x \in \boldsymbol{R}\}$ は弧状連結である．実際，写像 $f: \boldsymbol{R} \to P$，$f(x)=(x, x^2)$ は連続な全射であり，$\boldsymbol{R}$ は弧状連結である（例 6.2）から，$\boldsymbol{P}$ も弧状連結である（定理 6.5）．一方，双曲線 $H=\{(x, y) \in \boldsymbol{R}^2 \mid x^2-y^2=1\}$ は弧状連結でない．実際，2 つの頂点を結ぶ H の道がとれないからである（例 6.1参照）．

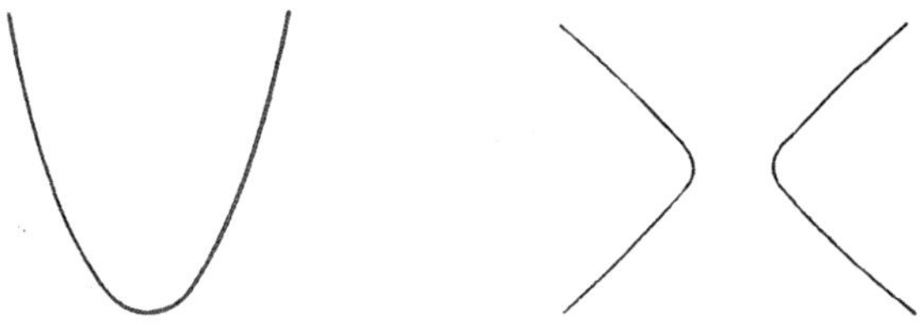

定理 6.8　図形 X, Y に対して

$$X, Y \text{ が弧状連結} \iff X \times Y \text{ が弧状連結}$$

が成り立つ．

証明　($\Rightarrow$)　$X \times Y$ の 2 点 $a_0=(x_0, y_0)$，$a_1=(x_1, y_1)$ に対して，x_0，x_1 を結ぶ道 $u : I \to X$，y_0，y_1 を結ぶ道 $v : I \to Y$ をとると，$w : I \to X \times Y$，$w(t)=(u(t), v(t))$ は a_0 と a_1 を結ぶ道である（補題 5.5）．

($\Leftarrow$)　射影 $p : X \times Y \to X$ は連続な（補題 5.4）全射であるから，$X \times Y$ が弧状連結ならば，X も弧状連結である（定理 6.5）．Y についても同様である．

例 6.9　線分 I，円 S^1 は弧状連結である（例 6.2，例 6.6）から，それらの直積図形である正方形板 I^2，円柱面 $S^1 \times I$，トーラス $S^1 \times S^1$ はいずれも弧状連結である（定理 6.8）．一方，図形 $S^0 \times I$，$S^0 \times R$ は弧状連結でない．実際，S^0 が弧状連結でない（例 6.1）からである（定理 6.8）．

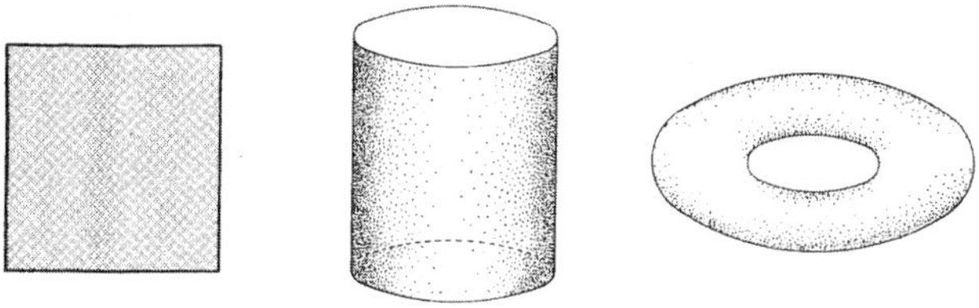

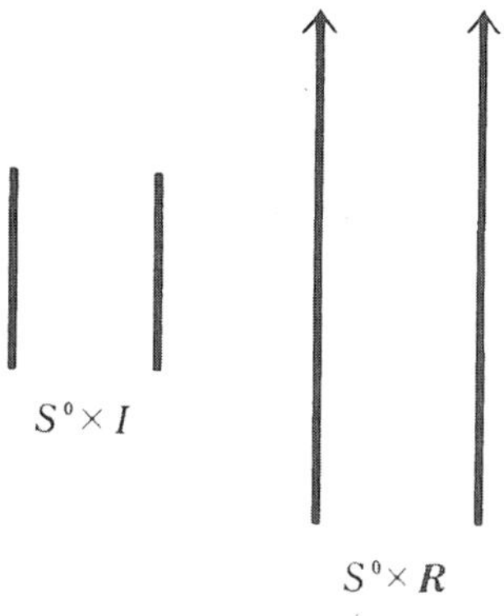

図形 X の道 $u: I \to X$ の像 $u(I)$ は右図のような1次元図形と思いがちであるが，実はそうではない。Peano は，その像が正方形板 I^2 全体を埋めつくすような道を実際に作ってみせた。いわゆる Peano 曲線である。位相幾何学では，図形を調べるとき，ある点 x_0 を始点とする道（または閉道）を考察することがよくあるが，その道の中には Peano 曲線のようなものがあるので注意が必要であると教えている。

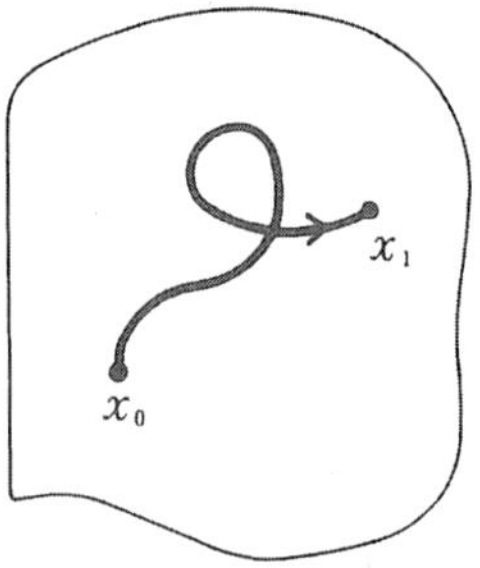

第 7 話　同相写像

写像 $f: X \to Y$ が同相であることの定義を与えよう．そのため，写像 $f: X \to Y$ の全射，単射の定義から始める．全射については第 6 話で定義されているが再記する．

定義　X, Y を集合とし，$f: X \to Y$ を写像とする．

(1)　任意の点 $y \in Y$ に対し $f(x)=y$ となる点 $x \in X$ が存在するとき，f は**全射**であるという．

(2)

$$f(x)=f(x') \quad ならば \quad x=x'$$

（これは，$x \neq x'$ ならば $f(x) \neq f(x')$ と同じである）が成り立つとき，f は**単射**であるという．

(3)　f が全射であり，かつ，全射であるとき，f は**全単射**であるという．

例 7.1　写像 $f: \boldsymbol{R} \to \boldsymbol{R}$，$f(x)=x^2$ は全射でも単射でもない．

写像 $f: \boldsymbol{R}_+ \to \boldsymbol{R}$, $f(x)=x^2$ は単射であるが，全射でない．

写像 $f: \boldsymbol{R}_+ \to \boldsymbol{R}_+$，$f(x)=x^2$ は全単射である．

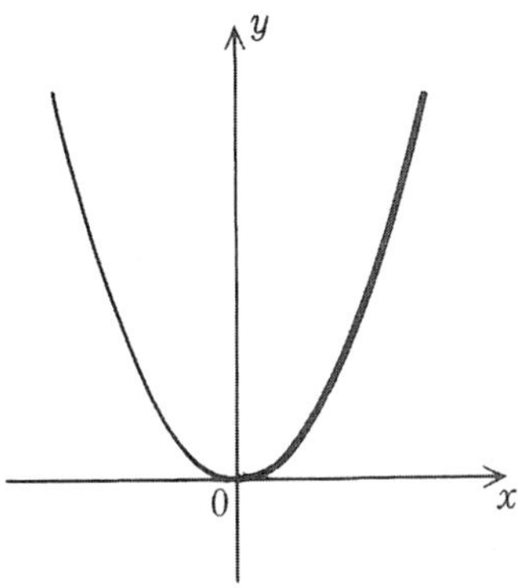

補題 7.2　X, Y を集合とする．2つの写像 $f: X \to Y$, $g: Y \to X$ が

$$gf = 1$$

を満たすならば，g は全射であり，f は単射である．

証明　点 $x \in X$ に対して Y の点 $f(x)$ を考えると，$g(f(x)) = (gf)(x) = 1(x) = x$ となる．よって，g は全射である．つぎに，$x, x' \in X$ に対して $f(x) = f(x')$ とする．これに写像 g を施すと $g(f(x)) = g(f(x'))$, $(gf)(x) = (gf)(x')$ となるが，$gf = 1$ より，$x = x'$ を得る．よって，f は単射である．

補題 7.3　X, Y を集合とする．写像 $f: X \to Y$ が全単射であるための必要十分条件は

$$gf = 1_X, \quad fg = 1_Y$$

を満たす写像 $g: Y \to X$ が存在することである．(写像 f に対し，この g を f の**逆写像**という)．

証明　$f: X \to Y$ が全単射であるとする．f の全射より，点 $y \in Y$ に対し，$f(x) = y$ となる点 $x \in X$ が存在するが，f の単射より，このような x は y に対し唯1つ定まる．したがって，$y \in Y$ に対し $f(x) = y$ を満たす $x \in X$ を対応させることにより，写像 $g: Y \to X$ を定義することができる．この g は $g(f(x)) = x$, $f(g(y)) = y$ を満たしている．逆に $fg = 1$, $gf = 1$ ならば f が全単射であることは，補題 7.2 を用いるとよい．

定義　X, Y を図形とする．

(1)　写像 $f: X \to Y$ が全単射であり，f および f の逆写像 $g: Y \to X$ が共に連続であるとき，f は**同相写像**（または**位相同型写像**）であるという．

(2)　X, Y の間に同相写像 $f: X \to Y$ が存在するとき，X と Y は**同相**（または**位相同型**）であるといい，記号

$$X \cong Y$$

で表す．

例 7.4　長さ1の線分 $[0,1]$ と長さ2の線分 $[0,2]$ は同相である：

$$[0,1] \cong [0,2]$$

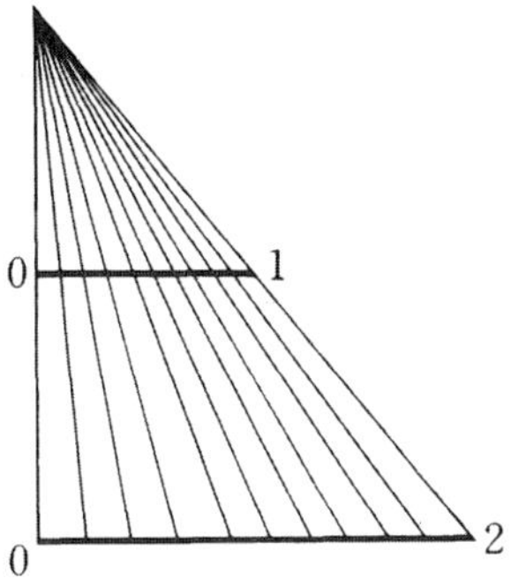

実際，２つの写像

$$f:[0,1]\to[0,2],\qquad f(x)=2x,$$

$$g:[0,2]\to[0,1],\qquad g(x)=\frac{x}{2}$$

は共に連続であって，$gf=1$，$fg=1$ を満たすからである．より一般に，$[0,1]\cong[a,b]$（$a<b$）である．同様にして

$$(0,1)\cong(0,2)\cong(a,b)$$

が示される．

例 7.5　開線分 $E^1=(-1,1)$ と直線 $\boldsymbol{R}$ は同相である：

実際，２つの写像

$$f:E^1\to\boldsymbol{R},\qquad f(x)=\tan x,$$

$$g:\boldsymbol{R}\to E^1,\qquad g(x)=\tan^{-1}x$$

は共に連続であって，$gf=1$，$fg=1$ を満たすからである．また，写像

$$f:E^1\to\boldsymbol{R},\qquad f(x)=\frac{x}{\sqrt{1-x^2}},$$

$$g:\boldsymbol{R}\to E^1,\qquad g(x)=\frac{x}{\sqrt{1+x^2}}$$

を用いてもよい．

例 7.6　半開直線 $\boldsymbol{R}^+=(0,\infty)$ と直線 $\boldsymbol{R}$ は同相である：

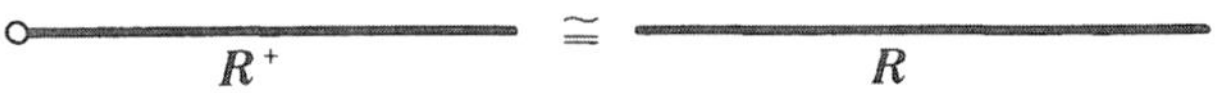

実際，2つの写像

$$f: \boldsymbol{R}^+ \to \boldsymbol{R}, \qquad f(x) = \log x,$$
$$g: \boldsymbol{R} \to \boldsymbol{R}^+, \qquad g(x) = e^x$$

は共に連続であって，$gf=1$，$fg=1$ を満たすからである：

例 7.7　線分 $D^1=[-1,1]$ と半円 $Y=\{(x,y)\in\boldsymbol{R}^2 \mid x^2+y^2=1, y\geqq 0\}$ は同相である：

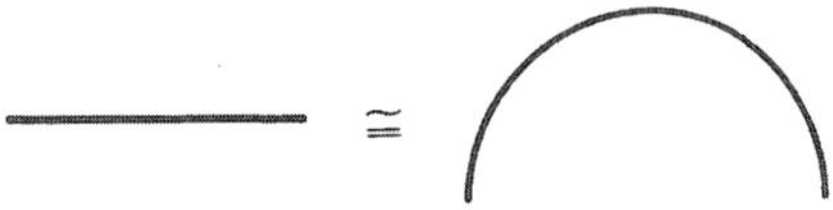

実際，2つの写像

$$f: E^1 \to Y, \qquad f(x)=(x, \sqrt{1-x^2}),$$
$$g: Y \to E^1, \qquad g(x,y)=x$$

は共に連続であって，$gf=1$，$fg=1$ を満たすからである．

例 7.8　直線 $\boldsymbol{R}$ と放物線 $P=\{(x,x^2) \mid x\in\boldsymbol{R}\}$ は同相である：

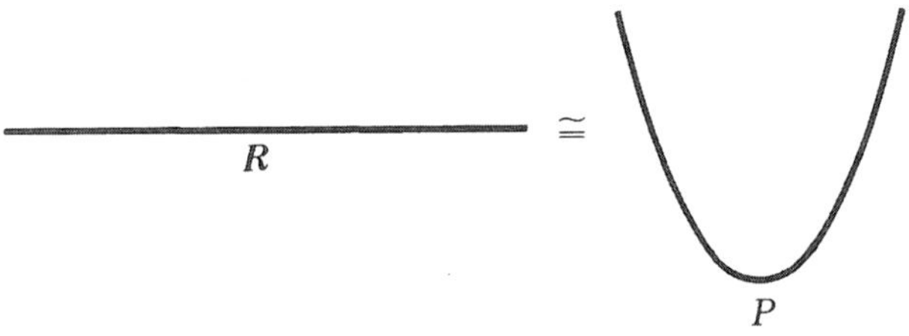

実際，2つの写像

$$f: \boldsymbol{R} \to P, \qquad f(x)=(x, x^2),$$
$$g: P \to \boldsymbol{R}, \qquad g(x, x^2)=x$$

は共に連続であって，$gf=1$，$fg=1$ を満たすからである．

例 7.9　開線分 $E^1=(-1,1)$ と 1 点を除いた円 $Y=\{(s,t)\in\boldsymbol{R}^2 \mid s^2+t^2=1, (s,t)\neq(0,1)\}$ は同相である：

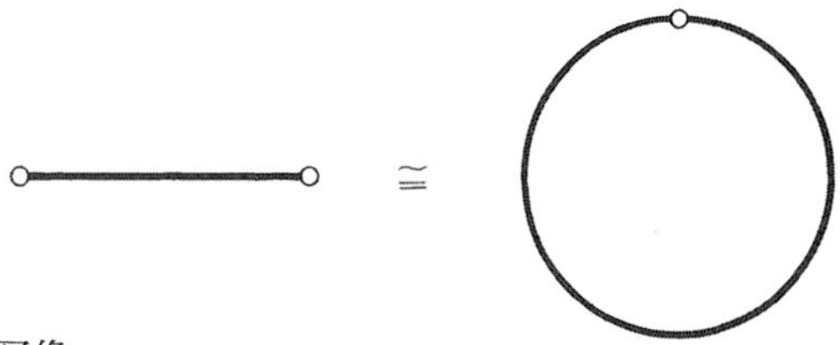

実際，2つの写像

$$f : E^1 \to Y, \qquad f(x)=(2x\sqrt{1-x^2}, 2x^2-1),$$

$$g : Y \to E^1, \qquad g(s, t)=\frac{s}{\sqrt{2(1-t)}}$$

は共に連続であって，$gf=1$，$fg=1$ を満たすからである．

例 7.10　円 $S^1=\{(x, y)\in \boldsymbol{R}^2 \mid x^2+y^2=1\}$ と楕円 $Y=\left\{(x, y)\in \boldsymbol{R}^2 \,\middle|\, \frac{x^2}{a^2}+\frac{y^2}{b}=1\right\}$ は同相である：

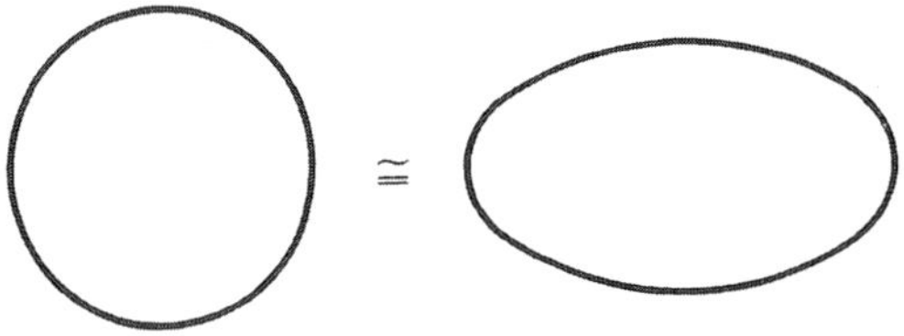

実際，2つの写像

$$f : S^1 \to Y, \qquad f(x, y)=(ax, by),$$

$$g : Y \to S^1, \qquad g(x, y)=\left(\frac{x}{a}, \frac{y}{b}\right)$$

は共に連続であって，$gf=1$，$fg=1$ を満たすからである．

例 7.11　開円板 $E^2=\{(s, t)\in \boldsymbol{R}^2 \mid s^2+t^2<1\}$ は平面 $\boldsymbol{R}^2$ と同相である：

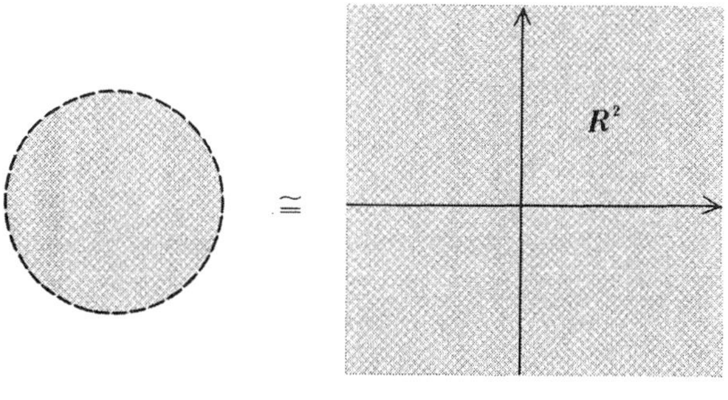

実際，２つの写像

$$f: E^2 \to \boldsymbol{R}^2, \qquad f(s,t)=\left(\frac{s}{\sqrt{1-s^2-t^2}}, \frac{t}{\sqrt{1-s^2-t^2}}\right),$$

$$g: \boldsymbol{R}^2 \to E^2, \qquad g(x,y)=\left(\frac{x}{\sqrt{1+x^2+y^2}}, \frac{y}{\sqrt{1+x^2+y^2}}\right)$$

は共に連続であって，$gf=1$，$fg=1$ をみたすからである．(例 7.5 の拡張になっている)．

例 7.12　直線 $\boldsymbol{R}$ から原点 0 を除いた図形 $\boldsymbol{R}-\{0\}$ は２本の直線 $S^0\times\boldsymbol{R}$ に同相である：

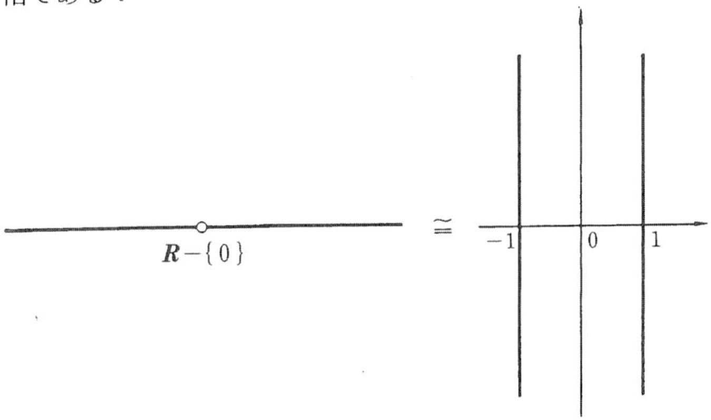

$\boldsymbol{R}-\{0\}$　　　$S^0\times\boldsymbol{R}$

また，平面 $\boldsymbol{R}^2$ から原点 0 を除いた図形 $\boldsymbol{R}^2-\{0\}$ は無限に延びた円柱面 $S^1\times\boldsymbol{R}$ に同相である：

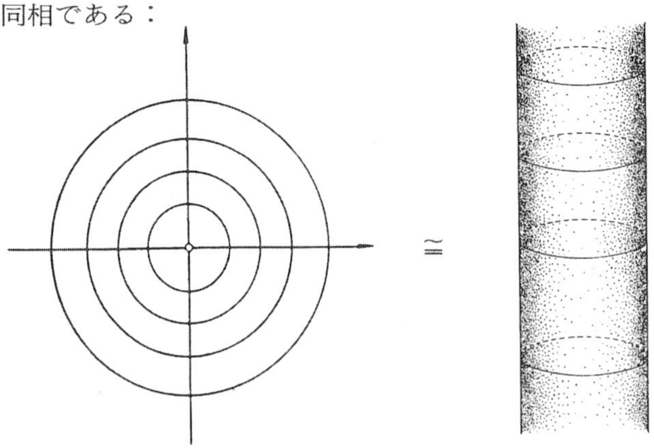

$\boldsymbol{R}^2-\{0\}$　　　$S^1\times\boldsymbol{R}$

さらに一般に，次の同相が成り立つ．

$$\boldsymbol{R}^n-\{0\}\cong S^{n-1}\times\boldsymbol{R}$$

実際，2つの写像

$$f:\boldsymbol{R}^n-\{0\}\to S^{n-1}\times\boldsymbol{R},\qquad f(x)=\left(\frac{x}{|x|},\log|x|\right),$$

$$g:S^{n-1}\times\boldsymbol{R}\to\boldsymbol{R}^n-\{0\},\qquad g(a,t)=e^t a$$

は共に連続であって，$gf=1$，$fg=1$ を満たすからである．

例 7.13　3角形△は円 S^1 に同相である：

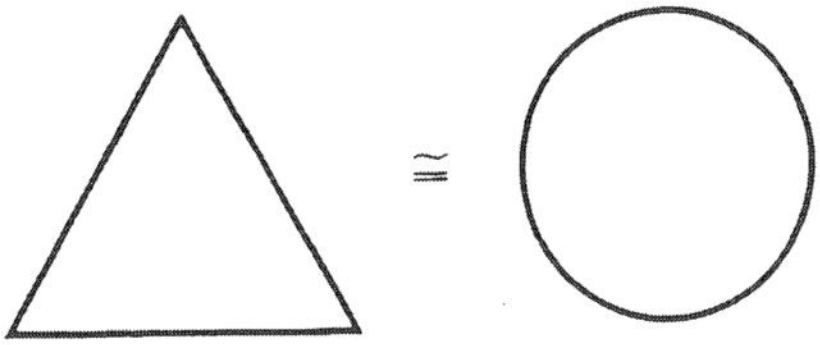

これを示すには，3角形△の外接円 S^1 をかき，3角形の内部の1点 O から半直線を引き，3角形 △ と円 S^1 と交わる点をそれぞれ x, y とするとき，x に y を対応させて，同相写像 f：△→S^1 を作るとよい．3角形△を正3角形にとり，この写像 f を実際に式で書いてみることをお薦めする．このような簡単な図形でも，同相であることを示すことは，意外に大変であることに気付くであろうと思う．

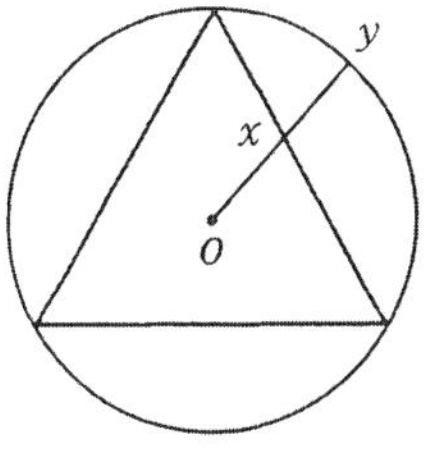

第 8 話　再び compact 集合

図形 X の compact の定義を $\boldsymbol{R}^n$ の有界閉集合としたが，ここで compact のもう 1 つの定義を与えよう．次の定理 8.4，定理 8.5 は応用が広い．

定義　X を図形とする．X の任意の点列 $x_1, x_2, \cdots, x_m, \cdots$ は収束する部分列 $x_{i1}, x_{i2}, \cdots, x_{im}, \cdots$ $(\lim_{m\to\infty} x_{im}=x\in X)$ を含むとき，X は**点列 compact** であるという．

命題 8.1　図形 X に対し

$$X \text{ が compact} \Longleftrightarrow X \text{ が点列 compact}$$

が成り立つ．

証明　($\Rightarrow$)　$X\subset\boldsymbol{R}^n$ とする．$n=2$ として証明しておく．X を $\boldsymbol{R}^2$ の有界閉集合とし，$M=\{x_1, x_2, \cdots, x_m, \cdots\}$ を X の点列とする．M の中に同じ点 x が無限回現われると，x に収束する部分列がとれるので，M の点はすべて異なるとしてよい．さて，X は有界集合であるから，X を含む正方形 D をとる．正方形 D を 4 等分すると，いずれか 1 つの小正方形 D_1 は M の点を無限個含むので，この中から 1 点 x_{i_1} をとる．つぎに D_1 を 4 等分すると，そのいずれかの 1 つの小正方形 D_2 は M の点を無限個含むので，その中から 1 点 x_{i_2} $(i_1<i_2)$ をとる．この操作を続けると，M の部分点列

$$x_{i_1}, x_{i_2}, \cdots, x_{i_m}, \cdots$$

を選ぶことができる．これらの小正方形の各辺の長さが 0 に収束するので，この部分列は 1 点 x に収束する：$\lim_{m\to\infty} x_{i_m}=x\in\boldsymbol{R}^2$．$X$ は $\boldsymbol{R}^2$ の閉集

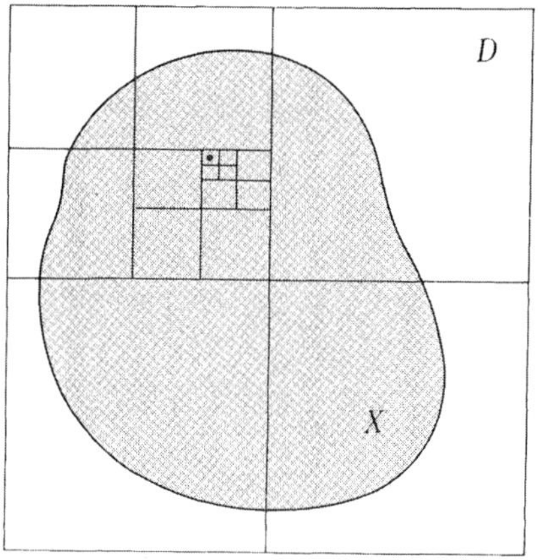

合であるから，$x \in X$ である．よって，X は点列compactである．

$(\Leftarrow)$ X が点列compactであるとする．X は有界である．実際，X が有界でないとする．$|x_1|>1$ なる点 $x_1 \in X$ をとる．つぎに，$|x_2|>2$ なる $x_2 \in X$ をとる．この操作を続けると，X の点列

$$x_1, x_2, \cdots, x_m, \cdots, \quad |x_m|>m$$

を得るが，このどの部分点列も収束しない．これは，X が点列compactであることに反する．つぎに，X は $\boldsymbol{R}^n$ の閉集合である．実際，X の点列 $x_1, x_2, \cdots, x_m, \cdots$ が $\lim_{m \to \infty} x_m = x \in \boldsymbol{R}^n$ とする．X は点列compactであるから，このある部分列 $x_{i_1}, x_{i_2}, \cdots, x_{i_m}, \cdots$ は X の点に収束するが，この極限点は上記の x である（補題2.5）．よって，$x \in X$ となり，X は $\boldsymbol{R}^n$ の閉集合である．以上で，X が $\boldsymbol{R}^n$ の有界閉集合であることが示された．

定理8.2 X, Y を図形とし，$f: X \to Y$ を連続な全射とする．このとき

X がcompact ならば Y もcompact

が成り立つ．

証明 Y が点列compactであることを示そう（命題8.1）．$y_1, y_2, \cdots, y_m, \cdots$ を Y の点列とする．f は全射であるから，X の点 $x_1, x_2, \cdots, x_m, \cdots$ で $f(x_m)=y_m$, $m=1, 2, \cdots$ なるものがとれる．X が点列compactである

(命題 8.1) から，収束する部分点列 $x_{i_1}, x_{i_2}, \cdots, x_{i_m}, \cdots$ ($\lim_{m\to\infty} x_{i_m}=x\in X$) が選べる。このとき，$y_{i_1}, y_{i_2}, \cdots, y_{i_m}, \cdots$，は $y_1, y_2, \cdots, y_m, \cdots$ の部分点列であるが，f の連続性より，$\lim_{m\to\infty} y_{i_m}=\lim_{m\to\infty} f(x_{i_m})=f(x)$ となる。よって，Y は点列 compact である。

> **定理 8.3**　図形 X, Y に対して
>
> $$X, Y \text{ が compact} \Longleftrightarrow X\times Y \text{ が compact}$$
>
> が成り立つ。

証明　($\Rightarrow$) は既に命題 4.6 で示した。($\Leftarrow$) 射影 $p: X\times Y\to X$ は連続な (補題 5.4) 全射であるから，$X\times Y$ が compact ならば X も compact である (定理 8.2)。Y についても同様である。

定理 8.2 の 1 つの応用として，次の定理をあげておく。この定理は，幾何学はじめ解析学でもよく用いられる。

> **定理 8.4**　X を compact 図形とする。このとき，連続写像 $f: X\to\boldsymbol{R}$ は最大値，最小値をもつ。

証明　X の像 $f(X)$ は compact である (定理 8.2) から，特に $f(X)$ は $\boldsymbol{R}$ の有界集合である。$f(X)$ の上限を $a\in\boldsymbol{R}$ とおく：

$$a=\sup_{x\in X} f(x)$$

a は $f(X)$ の上限であるから，$f(X)$ の点列 $y_1, y_2, \cdots, y_m, \cdots$ で $\lim_{m\to\infty} y_m=a$ となるものがとれる。(以上既知とする)。$f(x)$ は $\boldsymbol{R}$ の閉集合であるから，$a\in f(X)$ である。この a が $f(X)$ の最大値である。$f(X)$ の最小値についても同様で，$f(x)$ の下限 (inf) を用いるとよい。

2 つの図形 X, Y が同相であることを示そうとするとき，連続な全単射 $f: X\to Y$ を構成しなければならないが，その逆写像 $g: Y\to X$ の連続を示すのが容易でないことが多い。しかし，X が compact であるときにはそれが不要になるのである。すなわち，次の定理が成り立ち，位相幾何学で重宝される。

> **定理 8.5**　X, Y を図形とする。X が compact で，$f: X\to Y$ が連続な全単射ならば，f は同相写像である。

証明　f の逆写像 $g: Y \to X$ が連続であることを示そう．そのためには，X の任意の閉集合 F に対して，$g^{-1}(F)=f(F)$ が Y の閉集合であることを示せばよい（定理 5.6）．さて，F は compact 集合 X の閉集合として compact である（補題 4.5）から，$f(F)$ は compact 集合である（定理 8.2）．特に，$f(F)$ は Y の閉集合である（補題 2.11）．よって，f は同相写像である．

例 8.6　正方形板 $I^2=I\times I$ と円板 $D^2=\{(x, y)\in R^2 \mid x^2+y^2\leqq 1\}$ は同相である：

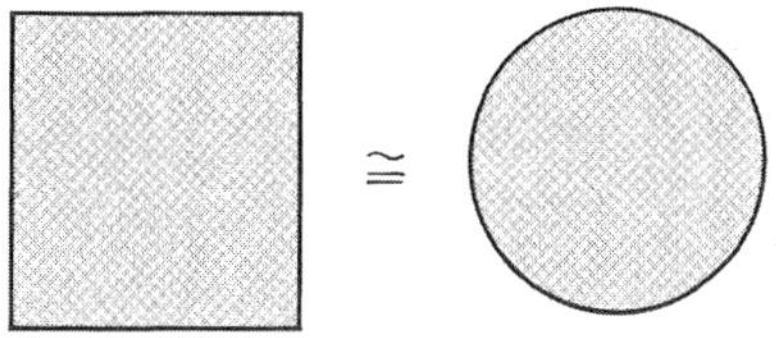

実際，写像 $f: I^2 \to D^2$,

$$f(x, y)=\begin{cases}(\lambda x, \lambda y),\ \lambda=\dfrac{\max\{|x|, |y|\}}{\sqrt{x^2+y^2}} & (x, y)\neq(0, 0)\\ (0, 0) & (x, y)=(0, 0)\end{cases}$$

が同相を与えている．この写像 f は，下のように，正方形の縁までの線分を円の半径になるように縮めたものである．さて，f の全単射と連続を示さなければならないが，これを示しさえすれば，I^2 が compact である（例 4.7）から，f の逆写像 $g: D^2\to I^2$ の具体的な形を書くまでもなく，f が同相であることが分かる（定理 8.5）．

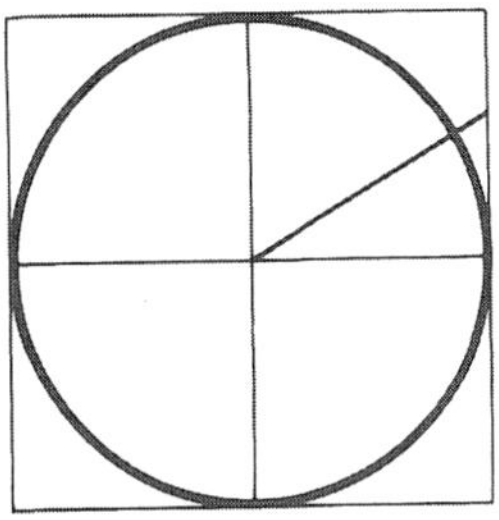

第 9 話　位相不変量

前節まで，compact と弧状連結について説明してきたが，これらが重要視されるのは，それらが図形の重要な性質であることにもあるが，位相不変量であることも重要なことである．**位相不変量**とは

同相な図形が共有している性質

のことである．だから，これを図形を同相で分類するのに用いることができるというわけである．

定理 9.1　compact および弧状連結は位相不変量である．すなわち，X, Y を同相な図形：$X \cong Y$ とすると，次の (1),(2)が成り立つ．

(1)　X が compact $\Longleftrightarrow$ Y が compact

(2)　X が弧状連結 $\Longleftrightarrow$ Y が弧状連結

証明　定理 8.2，定理 6.5 より明らかである．

図形の分類に用いるのは，定理 9.1 の対偶である．

定理 9.1′　図形 X, Y に対し，次の (1),(2)が成り立つ．

(1)　X が compact で，Y が compact でないならば，X と Y は同相でない：$X \not\cong Y$．

(2)　X が弧状連結で，Y が弧状連結でないならば，X と Y は同相でない：$X \not\cong Y$．

例 9.2　線分 $I=[0,1]$ と開線分 $J=(0,1)$ は同相でない：

実際，I は compact であり（例 4.3），J は compact でない（例 4.4）か

らである（定理 9.1）．同様に，$[0,1]\not\cong(0,1]$ である：

例 9.3　円 S^1，放物線 P，双曲線 H は互いに同相でない：

compact	○	×	×
弧状連結	○	○	×

（例 4.3，例 4.4，例 6.6，例 6.7）より判定できる（定理 9.1）．

例 9.4　線分 $I=[0,1]$ と円 S^1 は共に compact であり（例 4.3），共に弧状連結である（例 6.2，例 6.6）．このように，compact と弧状連結に注目する限り，両者は同じ性質をもっている．しかし，両者は同相でない：

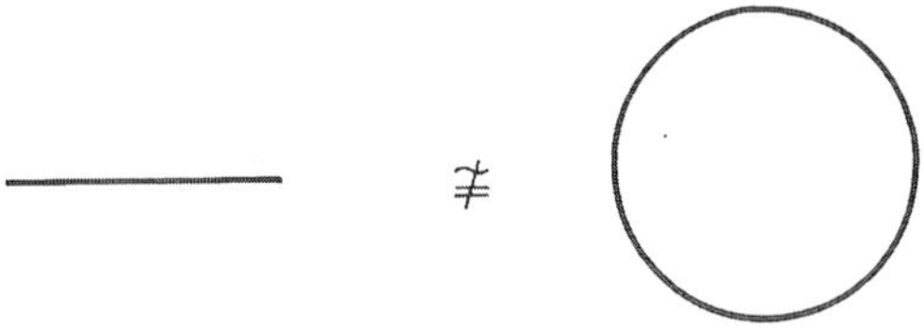

実際，同相写像 $f：I\to S^1$ が存在したとしよう．$a=f\left(\dfrac{1}{2}\right)$とおくとき，それぞれから点 $\dfrac{1}{2}$ と点 a を除いた図形は同相である：

$$I-\left\{\frac{1}{2}\right\}\cong S^1-\{a\}$$

しかるに，$I-\left\{\dfrac{1}{2}\right\}$ は連結でなく（例 6.3 参照），$S^1-\{a\}$ は弧状連結である（例 7.9，例 6.2）．これは矛盾である（定理 9.1）．よって，$I\not\cong S^1$ である．同様な方法で，半開線分（0,1］と開線分（0,1）が同相でないことが示される．

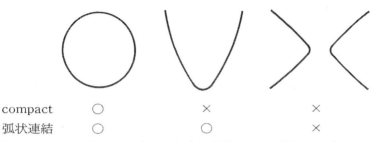

例 9.5　直線 $\boldsymbol{R}$ と平面 $\boldsymbol{R}^2$ は共に compact でなく，共に弧状連結である (例 6.2)．しかし，両者は同相でない：

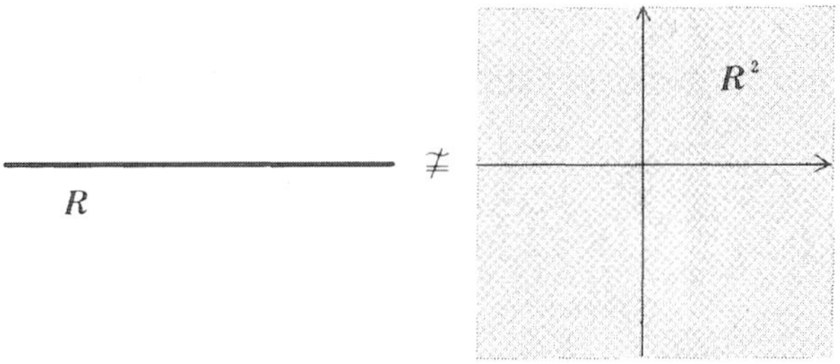

実際，同相写像 $f:\boldsymbol{R}\to\boldsymbol{R}^2$ が存在したとすると，同相

$$\boldsymbol{R}-\{0\}\cong\boldsymbol{R}^2-\{f(0)\}$$

を得る筈である．しかるに，前者は弧状連結ではなく (例 6.3)，後者は弧状連結である (例 6.4)．これは矛盾である (定理 9.1)．よって，$\boldsymbol{R}\not\cong\boldsymbol{R}^2$ である．同様な方法で，直線 $\boldsymbol{R}$ と空間 $\boldsymbol{R}^3$ が同相でないことが示される：

$$\boldsymbol{R}\not\cong\boldsymbol{R}^3$$

平面 $\boldsymbol{R}^2$ と空間 $\boldsymbol{R}^3$ は共に compact でなく，共に弧状連結であり，さらに，1 点を除いても弧状連結のままである．しかし，両者は同相でないのである：

$$\boldsymbol{R}^2\not\cong\boldsymbol{R}^3$$

これを示すには他の考察が必要となるが，その証明は後 (例 14.5) で示す．

例 9.6　円 S^1 と円板 D^2 は共に compact であり (例 4.3)，共に弧状連結であり (例 6.6, 例 6.2)，また，両者から 1 点づつ除いても弧状連結のままである．しかし，両者は同相でない：

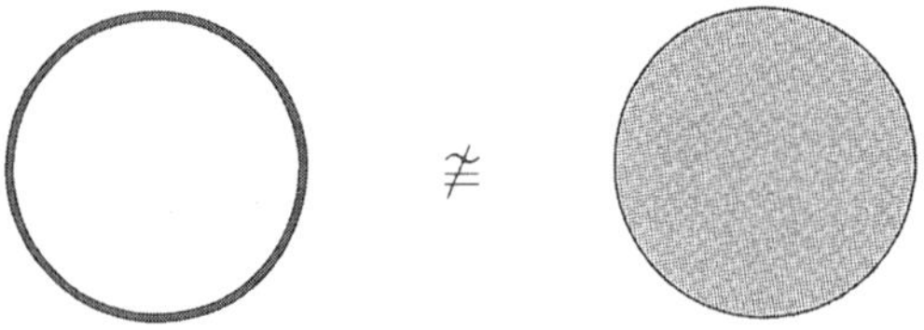

実際，同相写像 $f: S^1 \to D^2$ が存在したとしよう．S^1 から2点 a, b を除くと弧状連結でなくなるが，D^2 から2点 $f(a), f(b)$ を除いた図形は弧状連結のままである．これは矛盾である（定理9.1）．よって，$S^1 \not\approx D^2$ である．

定義　図形 X が弧状連結でないとき，X は共通部分のない（2個以上の）弧状連結な図形の和集合に分けることができる：

$$X = \bigcup_{\lambda \in \Lambda} X_\lambda, \qquad X_\lambda \text{ は弧状連結}$$

（Λ は無限集合のこともある）．この各 X_λ を X の**弧状連結成分**という．

命題 9.7　図形 X の弧状連結成分の個数は位相不変量である．

証明　定理9.1から分かることである．

例 9.8　アルファベット文字 **T** と **X** は同相でない：

$$\mathrm{T} \not\approx \mathrm{X}$$

実際，**X** からその交点を除くと4つの弧状連結分をもつが，**T** からどんな点を除いても高々3つの弧状連結成分にしか分かれないからである（命題9.7）．

例 9.9　球面 S^2 とトーラス T は共に compact であり（例4.3，例4.7），共に弧状連結であり（例6.6，例6.9），また，両者から有限個の点を除いても弧状連結のままである．しかし，両者は同相でないのである：

$$S^2 \not\approx T$$

これを示すには他の考察が必要となるが，その証明は後（例10.18）で示す．

第10話　多面体とEuler数

前節で，compactと弧状連結の重要な位相不変量を知ったが，これだけでは簡単な図形でも分類できないことがあるのは例9.5,例9.9でみた通りである．この節では，これらと異なる位相不変量であるEuler数について述べよう．そのため多面体の定義から始める．

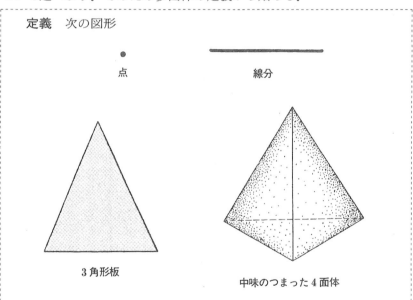

定義　次の図形

点

線分

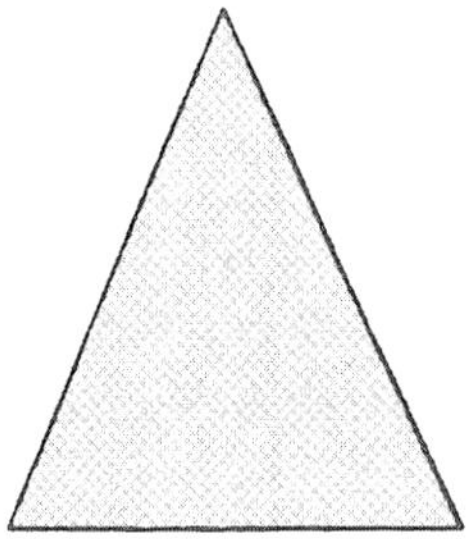

3角形板

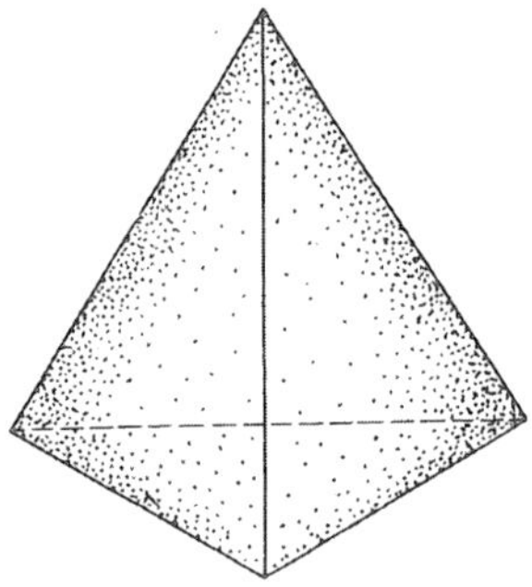

中味のつまった4面体

を順に，**0次元単体**，**1次元単体**，**2次元単体**，**3次元単体**という．(n 次元単体も定義できる)．

1次元単体 $\sigma^1 =$ a ●———● b の両端の2点 a, b（これらは0次元単体

である）を σ^1 の **0 次元辺**という．

2 次元単体 $\sigma^2 =$

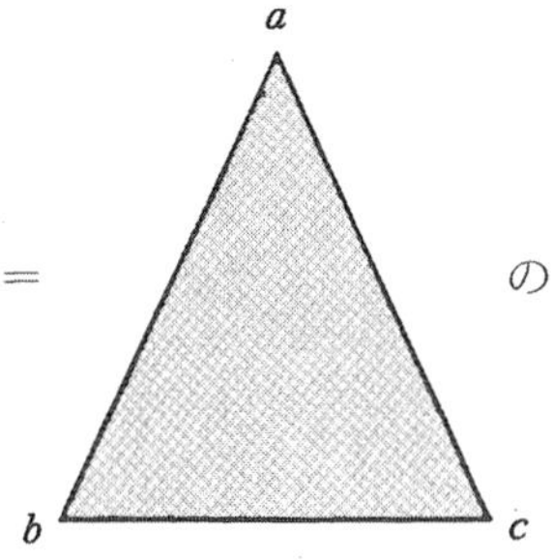

の「ふち」の 3 つの辺 ab，bc，ca（これらは 1 次元単体である）を σ^2 の **1 次元辺**といい，3 つの頂点 a, b, c を σ^2 の **0 次元辺**という．

3 次元単体 σ^3 の表面の 4 つの 3 角形板（これらは 2 次元単体である）を **2 次元辺**という．したがって，3 次元単体 σ^3 は，4 つの 2 次元辺と，6 つの 1 次元辺と，4 つの 0 次元辺をもっている．

定義　有限個の単体を用いて，それらの辺を接着して得られる図形を**有限多面体**という．さらに，辺を接着するのに，次の条件

2 つの単体は共通部分がないか，また共通部分があればそれはそれらの単体の辺になっている

を要求し，この構成する単体をも考慮にいれた有限多面体を**単体分割された**（または **3 角形分割された**）**有限多面体**という．

例 10.1　下の図形は有限多面体であり，さらに単体分割された有限多面体である．

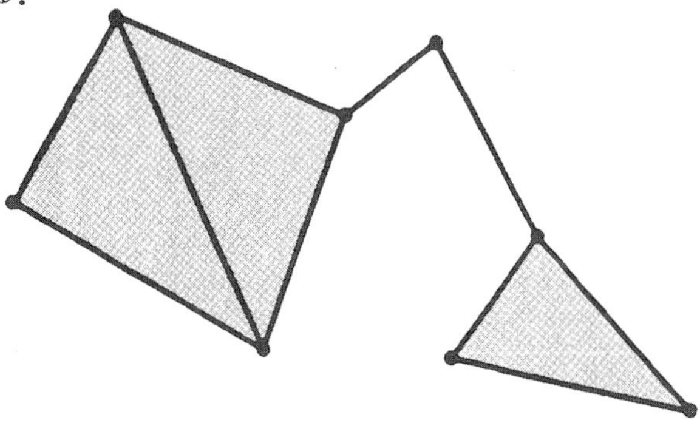

例 10．2

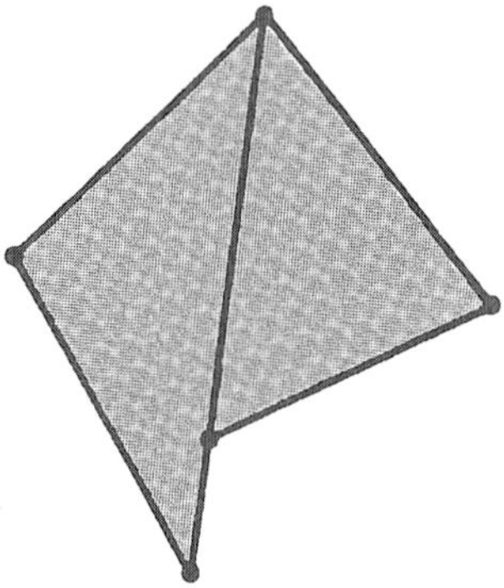

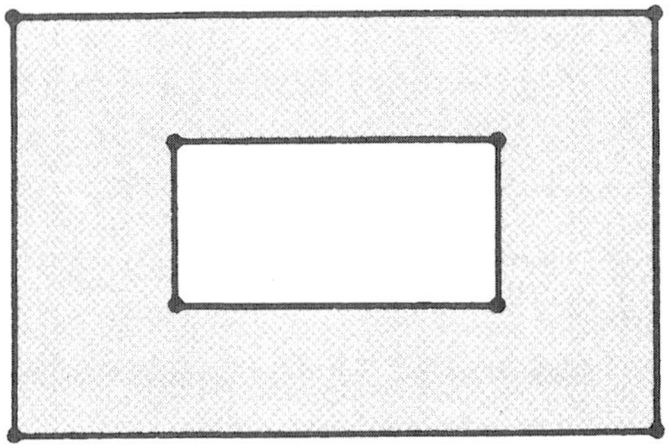

上の図形はいずれも有限多面体であるが，単体分割されていない．しかし，これらを次図のように分割すると，単体分割された有限多面体になる．

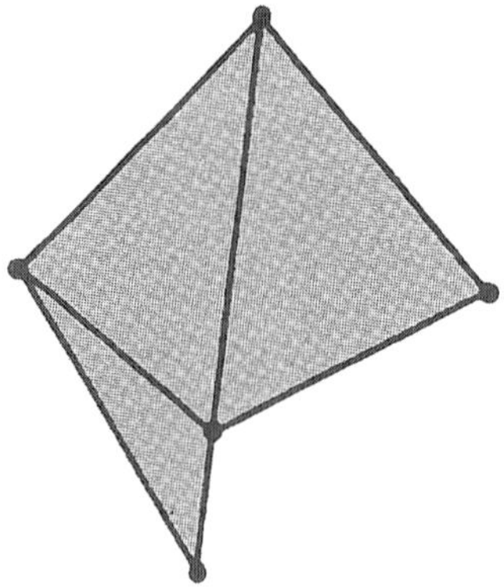

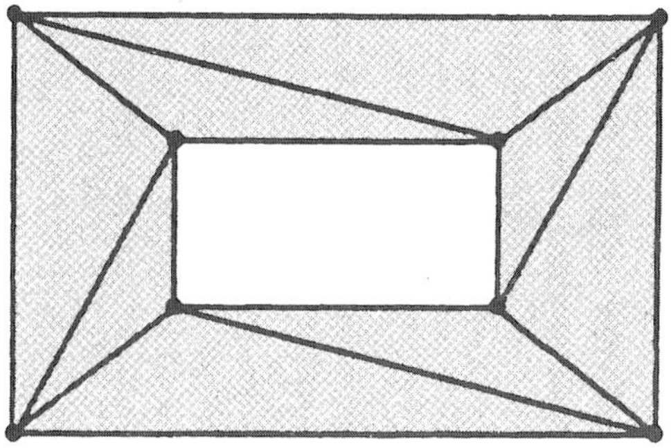

以上の準備のもとに，図形の Euler 数を定義しよう．

定義　X を図形とする．Xに同相な単体分割された多面体 P を取る．そして

$\chi(X)=(P$ の 0 次元単体の個数$)-(P$ の 1 次元単体の個数$)+(P$ の 1 次元単体の個数$)-(P$ の 3 次元単体の個数$)+\cdots$

とおき，$\chi(X)$ を X の **Euler 数**（または **Euler-Poincaré 指標**）という．

図形 X に対し，X に同相な有限多面体 P を取るといったが，このような P がいつも取れるとは限らない．実際，有限多面体は compact であるから，図形 X はまず compact でなければならない．また図形 X が compact であれば，これに同相な有限多面体 P が取れるかというと，一般にはそうとは限らない．しかし本書ではそのような図形は考察しないことにする．

例 10.3　1 点・の Euler 数は 1 である：

$$\chi(\cdot)=1$$

例 10.4　線分 I の Euler 数は 1 である：

$\chi($  $)=2-1=1$

例 10.5　円 S^1 の Euler 数は 0 である．これを示すために，S^1 と同相な多面体として 3 角形を取ると

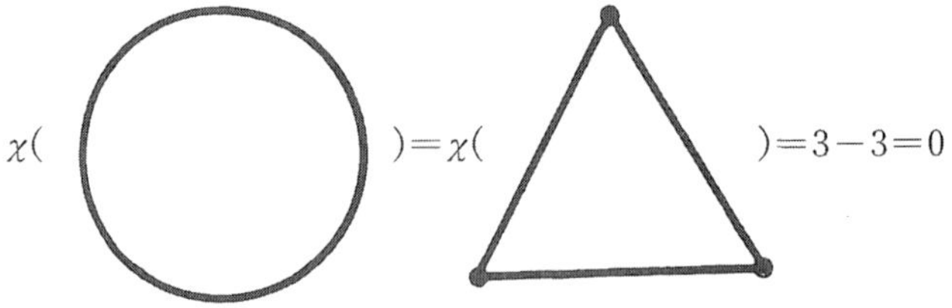

となる．この計算を次のようにして求めてもよい．S^1 に同相な多面体として 4 角形をとると

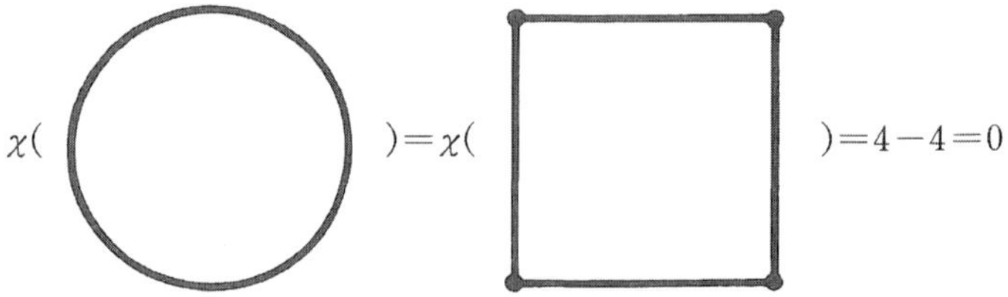

となり，同じ値になる．

例 10.5 の事実を一般化したのが次の定理 10.6 である．実は，この定理が証明されて初めて Euler 数が定義されたことになる．

> **定理 10.6** (Poincaré-Alexander)　図形 X の Euler 数 $\chi(X)$ は，X に同相な有限多面体 P の取り方によらず，かつ，P の単体分割の仕方にもよらない．

証明の方針　図形 X にはホモロジー群 $H_i(X)$, $i=0, 1, 2, \cdots$ が定義されるが，このアーベル群の階数を b_i で表し：

$$b_i = \mathrm{rank}\,(H_i(X))$$

b_i を X の ***i*-Betti 数**という．すると，X の Euler 数 $\chi(X)$ は

$$\chi(X) = b_0 - b_1 + b_2 - b_3 + \cdots$$

で定義してもよいことが知られている．ホモロジー群 $H_i(X)$ は図形 X それ自身から定義することができるので，多面体 P の取り方やその単体分割の仕方によらないことが分かる．(この定義によれば，Euler 数が定義される図形の範囲も広がる)．

例 10.7　次の図形の Euler 数 $\chi(X)$ は

$X=$

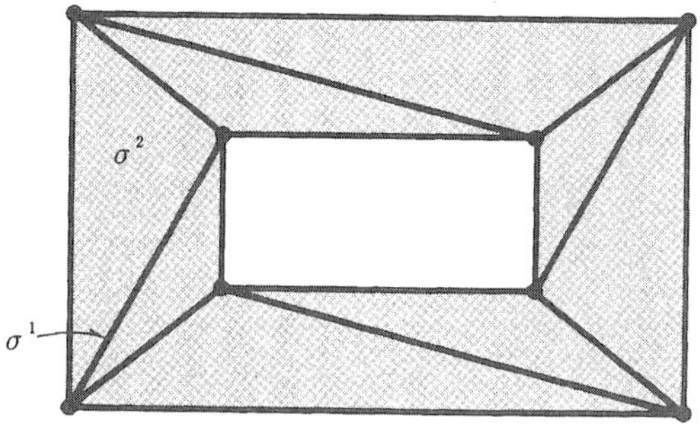

$\chi(X)=8-16+8=0$ である．この計算は次のようにしてもよい．1 次元単体 σ^1 と 2 次元単体 σ^2 は符号が逆で消し合うので，この図形を

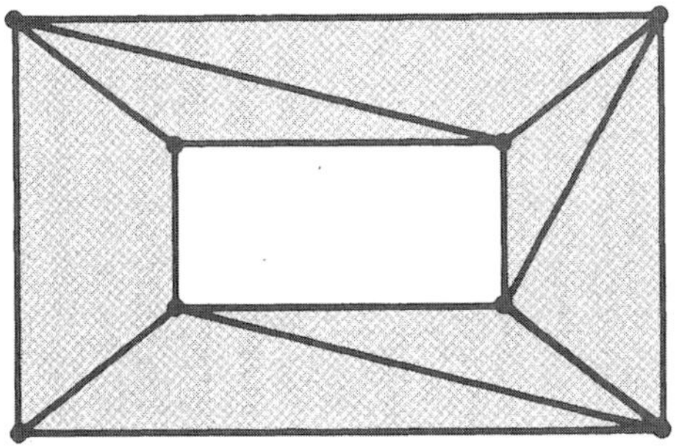

とし，さらに

$X'=$

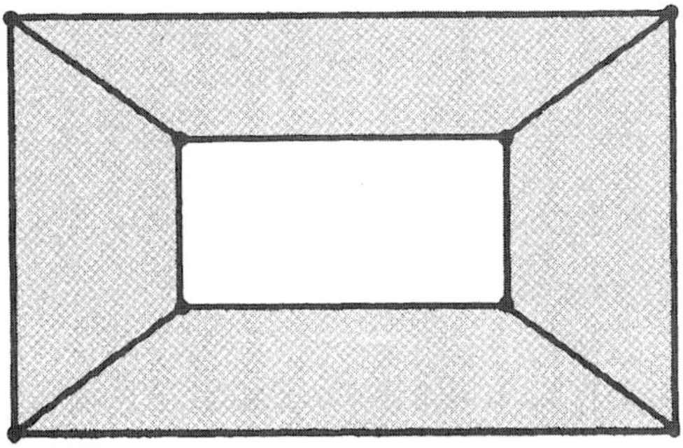

に変形して，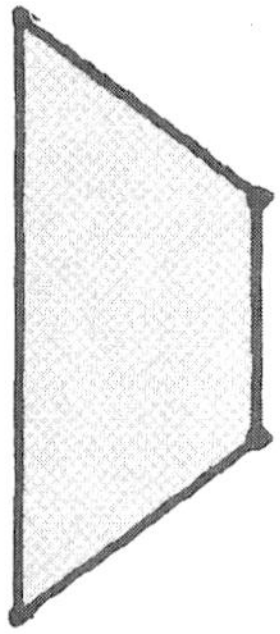 のような図形を 2 次元単体とみなして数えてもよい．一般に 2 次元単体に同相な多面体を **2 次元面**ということにし，X' を**多角形分割された有限多面体**ということにする．そして，X の Euler 数は

$$\chi(X) = (0\text{ 次元単体の個数}) - (1\text{ 次元単体の個数}) + (2\text{ 次元面の個数})$$
$$= 8 - 12 + 4 = 0$$

と計算してよい．

例 10.8　球面 S^2 の Euler 数は 2 である．実際，S^2 と同相な有限多面体として 4 面体を取ると

$\chi($ 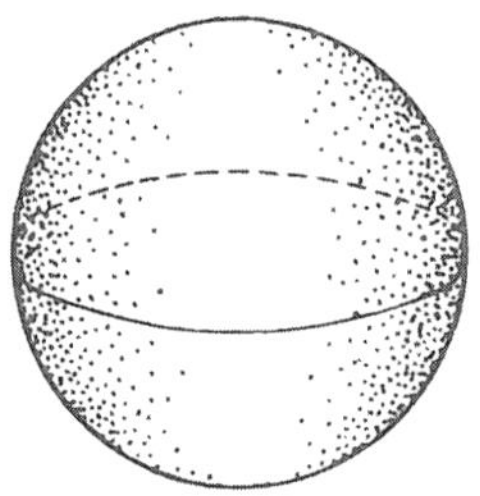 $) = \chi($ 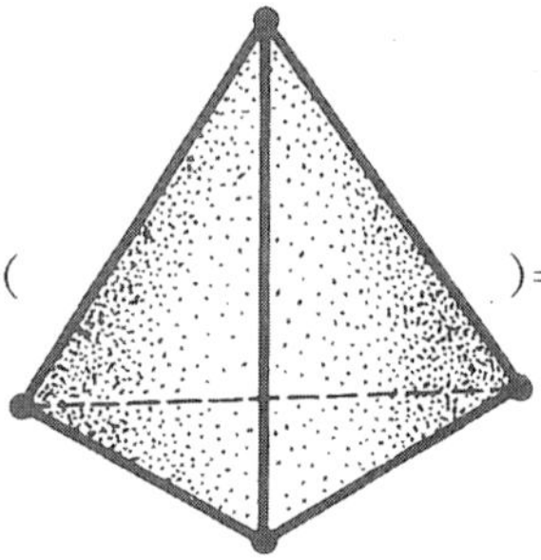 $) = 4 - 6 + 4 = 2$

となる．球面 S^2 に同相な有限多面体に次にあげるものもある．これらを用いても，球面 S^2 に Euler 数が 2 となることは容易に確かめられる．実際，

$$\chi(\text{正 4 面体}) = 4 - 6 + 4 = 2,$$
$$\chi(\text{正 6 面体}) = 8 - 12 + 6 = 2,$$
$$\chi(\text{正 8 面体}) = 6 - 12 + 8 = 2,$$
$$\chi(\text{正12面体}) = 20 - 30 + 12 = 2,$$

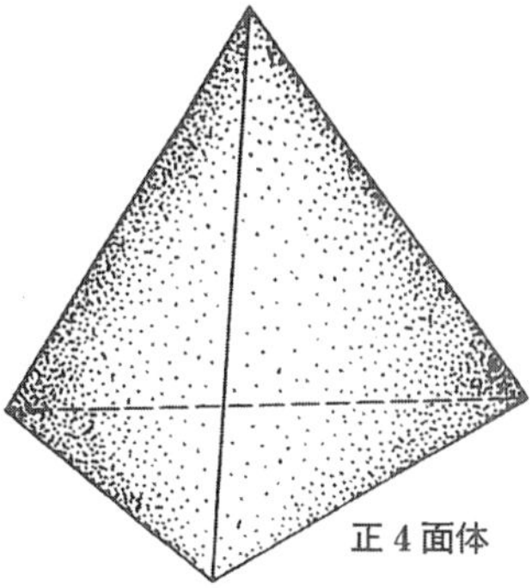

正 4 面体

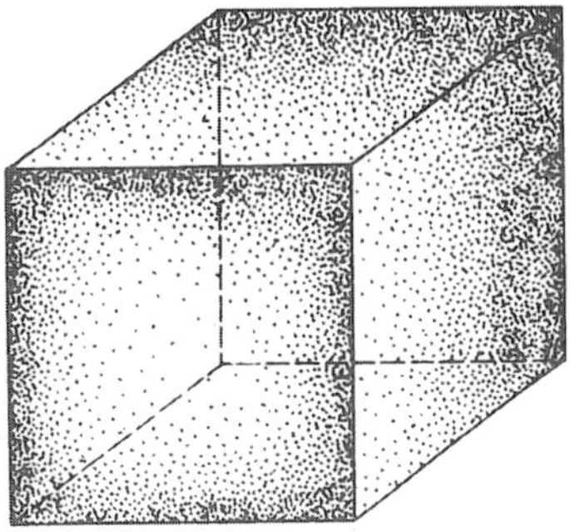

正 6 面体

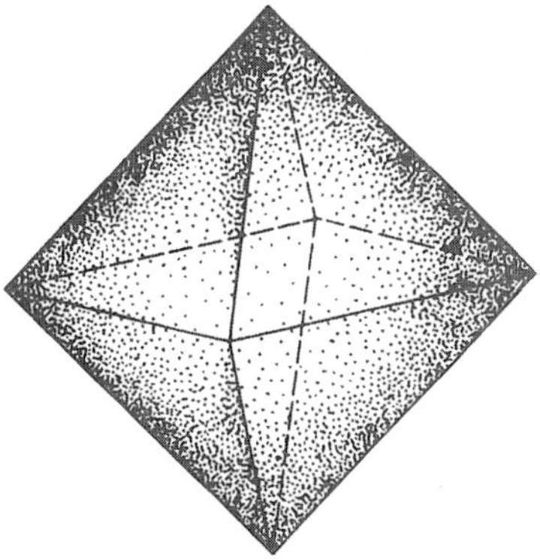

正 8 面体

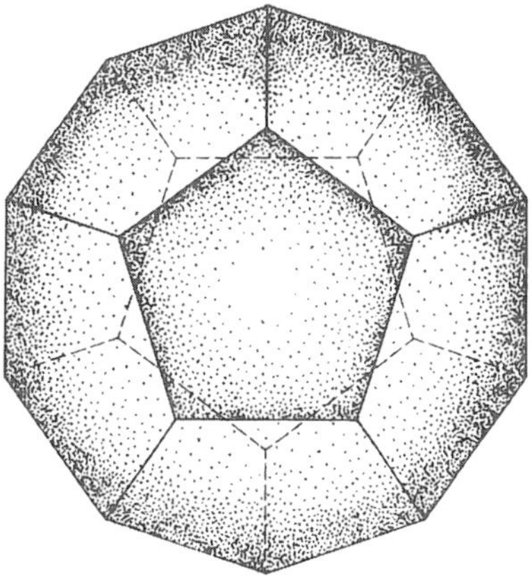

正12面体

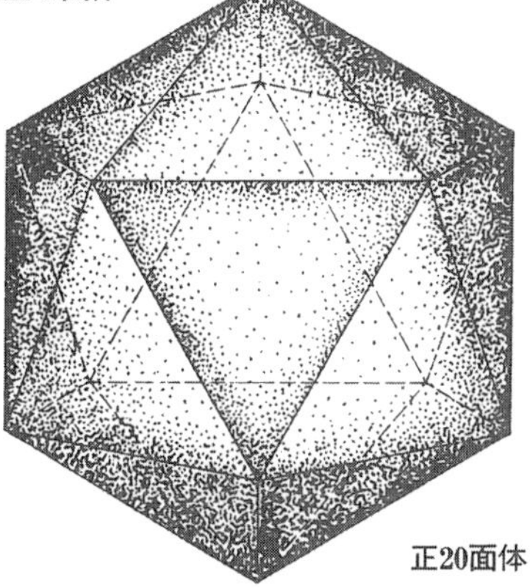

正20面体

$$\chi(\text{正20面体}) = 12 - 30 + 20 = 2$$

である（例 10.7 参照）。もちろん，正多面体以外の多面体を取っても，球面 S^2 と同相でありさえすれば，Euler 数は常に 2 であることは定理 10.6 で述べた通りである。しかし，歴史的には球面 S^2 に対してこの事実を初めて発見し(1952年)，その証明を与えたのが Euler である。このために，Euler を位相幾何学の創始者であるということもある。以上の事実を定理としておく。

定理 10.9（Euler）　球面 S^2 に同相な多角形分割された有限多面体において，その 0 次元単体の個数を v，1 次元単体の個数を l，2 次元面の個数を f とすると，つねに

$$v - l + f = 2$$

が成り立つ。

Euler の定理 10.9 の 1 つの応用として次の定理がある。

定理 10.10　正多面体は，正 4 面体，正 6 面体，正 8 面体，正12面体，正20面体の 5 つに限る。

証明　正 f 面体の 1 つの面である正 n 角形の 1 つの頂点（0 次元単体のこと）に集まる 1 次元辺の個数を k とすると

$$\text{頂点の個数} = \frac{nf}{k},\quad \text{1 次元辺の個数} = \frac{nf}{2},\quad \text{面の個数} = f$$

となっている。したがって，Euler の定理 10.9 より

$$\frac{nf}{k} - \frac{nf}{2} + f = 2$$

の関係がある。いま $k=3$（$k \leqq 2$ はあり得ない）とすると，$\frac{nf}{3} - \frac{nf}{2} + f = 2$, $-nf + 6f = 12$ より，$(6-n)f = 1\cdot 12 = 2\cdot 6 = 3\cdot 4$ となり，これより（$f \geqq 3$ に注意）

$$n=5,\ f=12;\ n=4,\ f=6;\ n=3,\ f=4$$

のいずれかになる。$k=4$ とすると，$\frac{nf}{4} - \frac{nf}{2} + f = 2$，$-nf + 4f = 8$ より，$(4-n)f = 1\cdot 8$ となり，これより

$$n=3,\ f=8$$

となる。$k=5$ とすると，$\frac{nf}{5} - \frac{nf}{2} + f = 2$，$-3nf + 10f = 20$ より，(10

$-3n)f=1\cdot 20$ となり, これより

$$n=3, \quad f=20$$

を得る. 最後に, $k\geqq 6$ になり得ないことを示そう. $k\geqq 6$ とすると

$$2=\frac{nf}{k}-\frac{nf}{2}+f\leqq\frac{nf}{6}-\frac{nf}{2}+f\leqq\frac{1}{3}(3-n)f\leqq 0$$

($n\geqq 3$ に注意)となり矛盾する. 以上で, f は $f=4,6,8,12,20$ のいずれかであることが示された.

定理 10.10 の証明は大そう興味深いものがある. 実際, 球面 S^2 の Euler 数が 2 であるという事実は位相的な性質であるが, これを用いて導かれた結果は Euclid 幾何学の事実である. 位相幾何学と Euclid 幾何学は異なった幾何学であるが, 決して無関係ではなかったということになる.

もう少し Euler 数の計算例をあげよう.

例 10.11　円板 D^2 の Euler 数は 1 である：

$$\chi(\qquad)=\chi(\qquad)=3-3+1=1$$

例 10.12　中味の詰った球体 D^3 の Euler 数は 1 である：

$$\chi(\qquad)=\chi(\qquad)=4-6+4-1=1$$

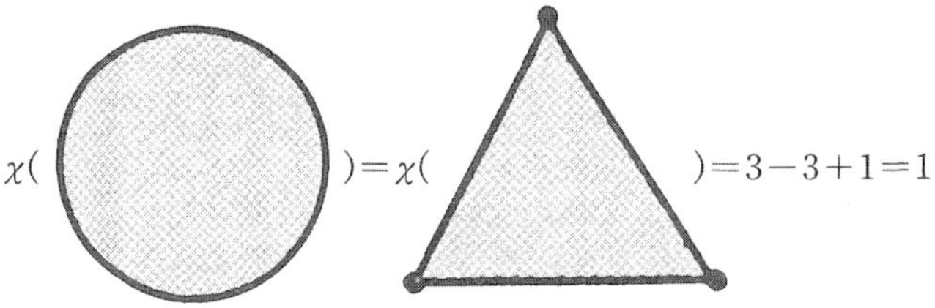

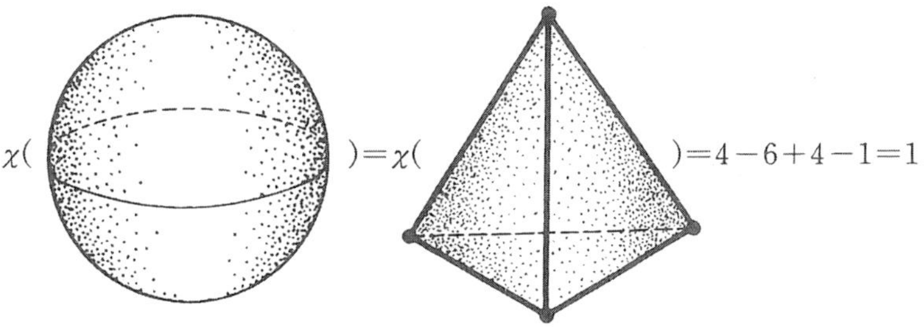

例 10.13　円柱面 $S^1\times I$ の Euler 数は 0 である：

$\chi($ 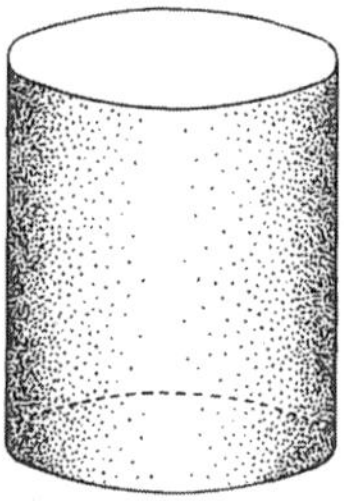 $)=\chi($ 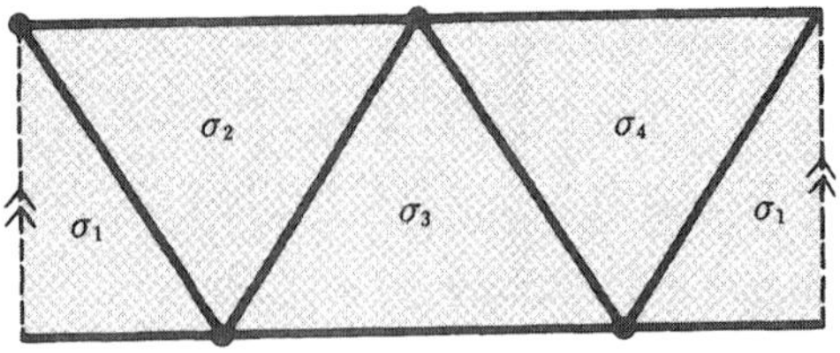

$)$

$=4-8+4=0$

また，Möbius の帯 M の Euler 数も 0 である．（**Möbius の帯**とは，正方形 $ABCD$ の 1 辺 AB を180° ねじって向いの辺 CD にくっつけてできた図形である）．

$\chi($ 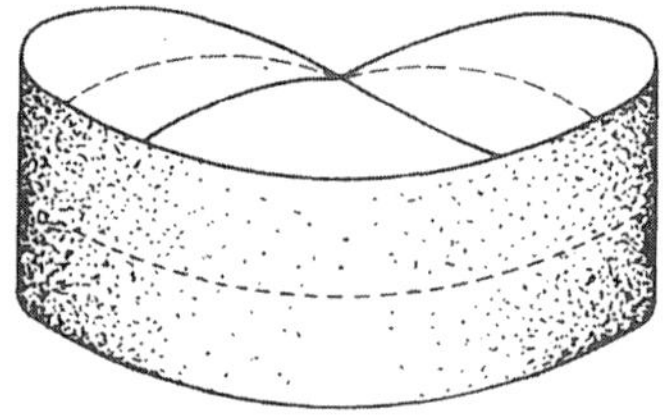 $)$

$=\chi($ 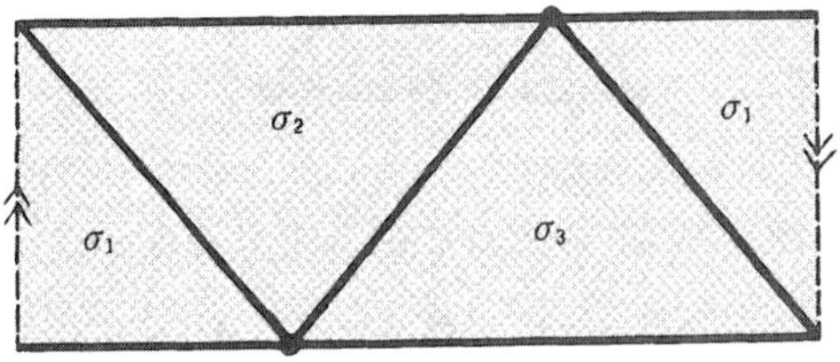

$)=3-6+3=0$

例 10.14　トーラス T の Euler 数は 0 である：

$\chi($ 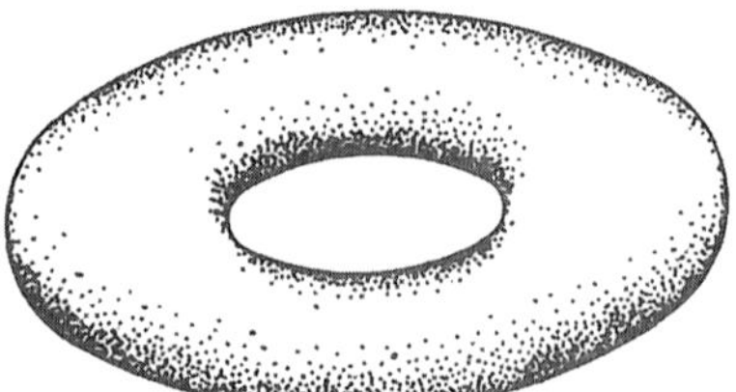 $)$

$=\chi($ 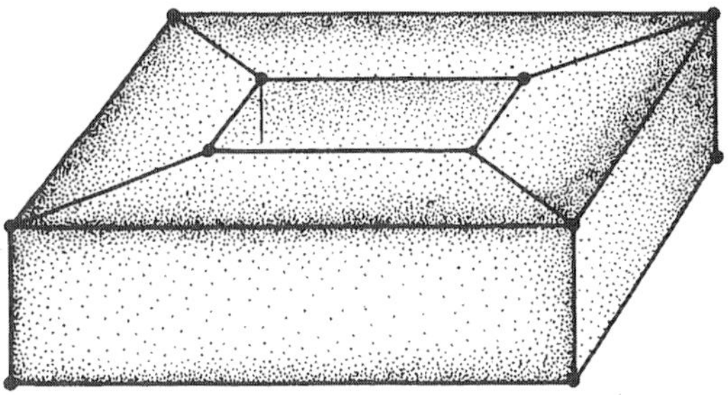 $)$

$=16-32+16=0$

また，２人乗りの浮袋の表面（正式には指数２のトーラスという）の Euler 数は -2 である：

$\chi($ 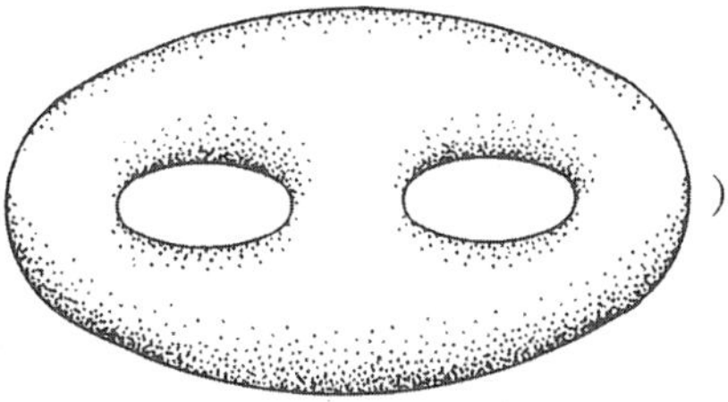 $)$

$=\chi($ 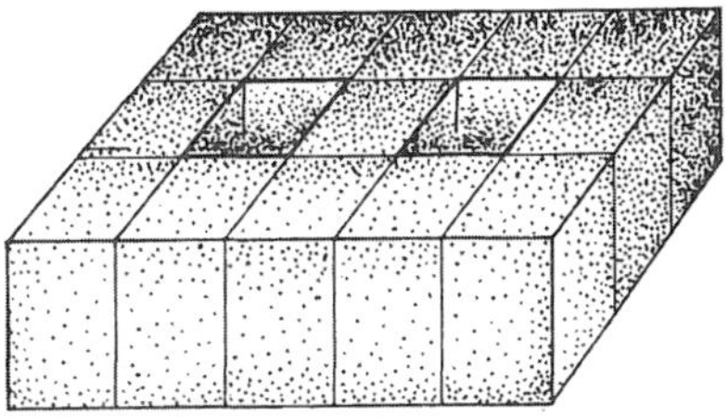 $)$

$=48-100+50=-2$

一般に，指数 g のトーラスの Euler 数は $-2(g-1)$ である：

$\chi($ 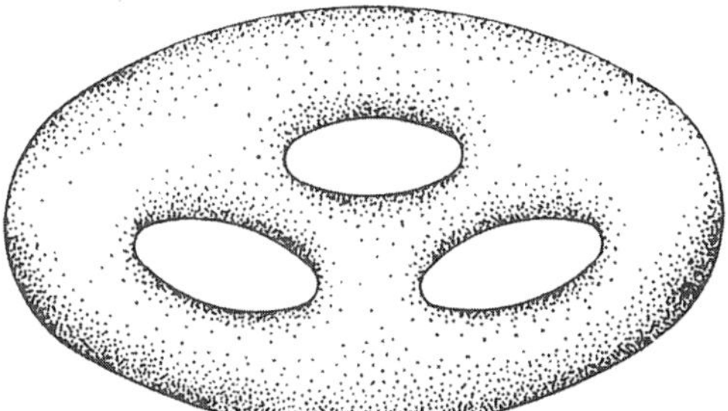 $)=-2(g-1)$

Euler 数が図形を調べるときにしばしば登場する重要な量である (Gauss-Bonnet の定理，多様体上のベクトル場等) が，それが位相不変量であることも重要なことである．

> **定理 10.15**　Euler 数は位相不変量である．すなわち，図形 X，Y に対し
> $$X \cong Y \quad \text{ならば} \quad \chi(X)=\chi(Y)$$
> が成り立つ．

証明の方針　Euler 数が図形 X のホモロジー群 $H_i(X)$，$i=0,1,2,\cdots$ を用いて定義されることと，ホロジー群 $H_i(X)$ が位相不変量であることを用いる．

図形の分類に用いるのは，定理10.15の対偶である．

> **定理 10.15′**　図形 X, Y に対し，
> $$\chi(X) \neq \chi(Y) \quad \text{ならば} \quad X \not\cong Y$$
> が成り立つ．

例 10.16　線分 I と円 S' は同相でない：

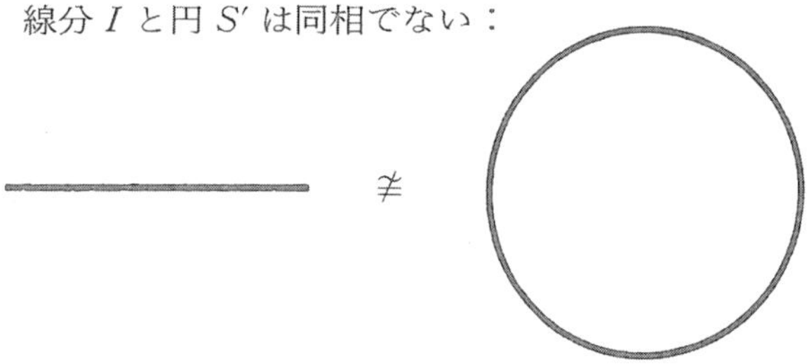

実際，$\chi(I)=1$ (例 10.4)，$\chi(S^1)=0$ (例 10.5) であるからである (定理 10.15)．これは例 9.4 の別証明になっている．

例 10.17　8 の字の Euler 数は -1 である：

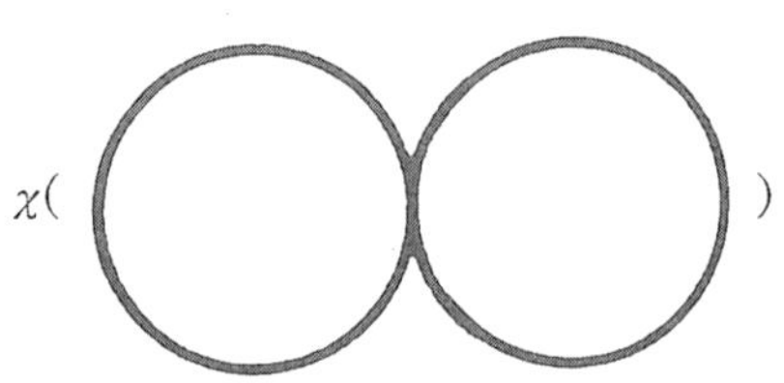

$=\chi($  $)=5-6=-1$

一般に，g 個の円が 1 点でくっついた図形の Euler 数は

$\chi($ 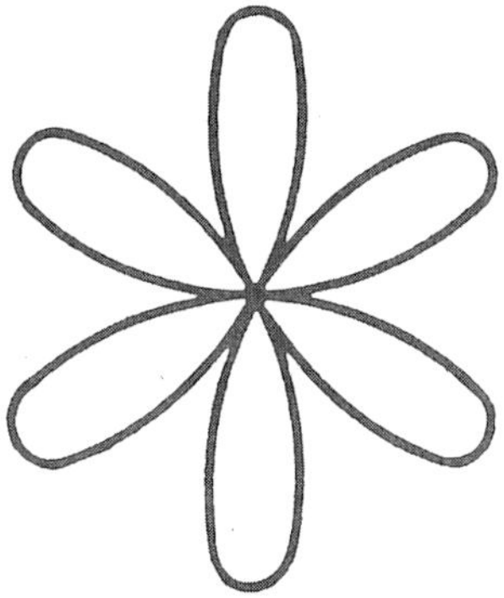 $)=-g+1$

である．$\chi(S^1)=0$ である (例 10.5) ことを併せると，g 個の円が 1 点でくっついた図形は，g が異なるとそれらの位相も異なることが分かった(定理 10.15)：

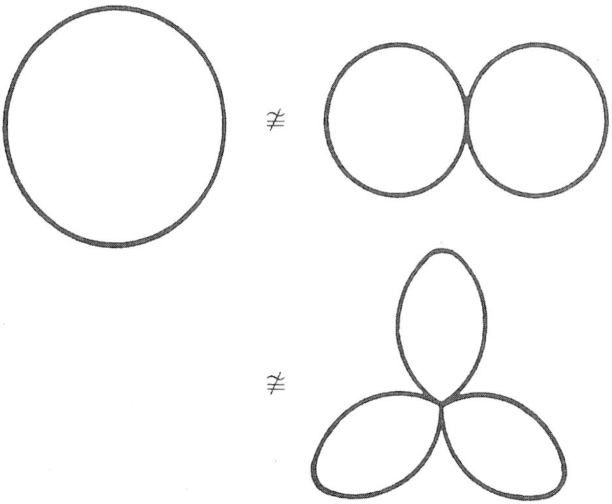

例 10.18　指数 g のトーラスの Euler 数は $-2(g-1)$ であった（例 10.14）。$\chi(S^2)=2$ である（例 10.9）ことを併せると，g が異なるとこれらの位相も異なることが分かった（定理 10.15）：

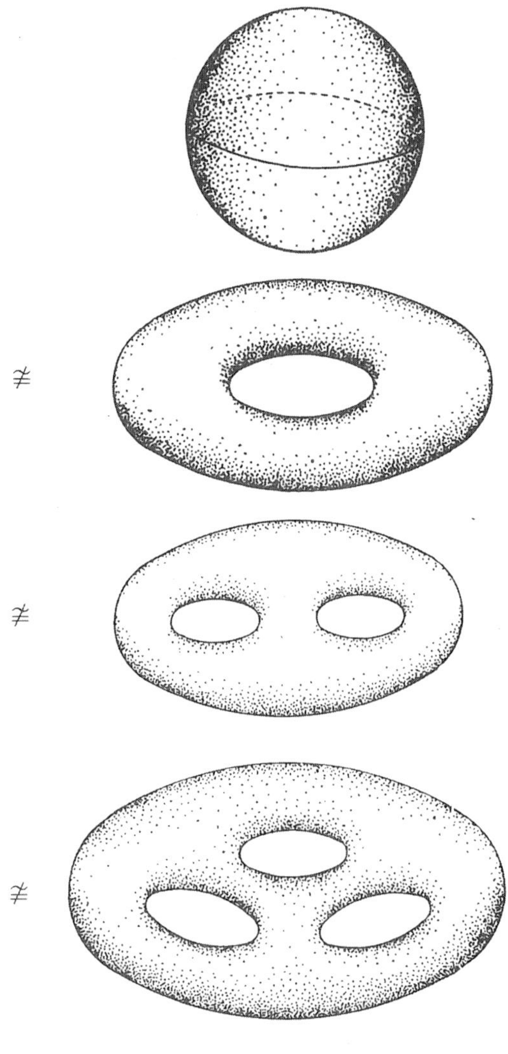

例 10.19　円柱面 $S^1\times I$ と Möbius の帯 M は共に compact で，共に弧状連結であり，さらに，両者の Euler 数は 0 である（例 10.13）。しか

し，両者は同相でないのである：

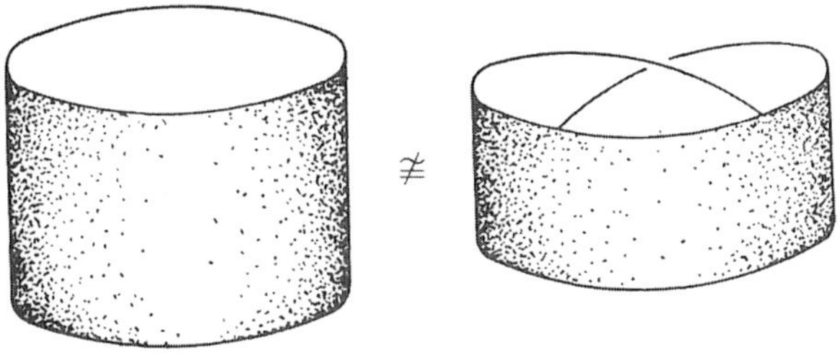

これを示すには，さらに他の考察が必要となるが，その証明は後(例 15.7) で示す．

第11話　胞複体とEuler数

前節で述べた多面体は，点，線分，3角形を基本にとり，これらから構成された（4角ばった）図形であった。これから述べる胞複体は点，線分，円板を基本図形にとり，これらから構成される（丸味をおびた）図形である。図形を単体に分割して調べようとするのはPoincaréから始まっているので，100年の歴史があり，理論的にすぐれたものであるが，これを用いて位相的性質（例えばホモロジー群 $H_i(X)$）を求めるのはそれ程簡単でない。そこで，つぎに考え出されたのがWhiteheadによる胞複体である。

定義

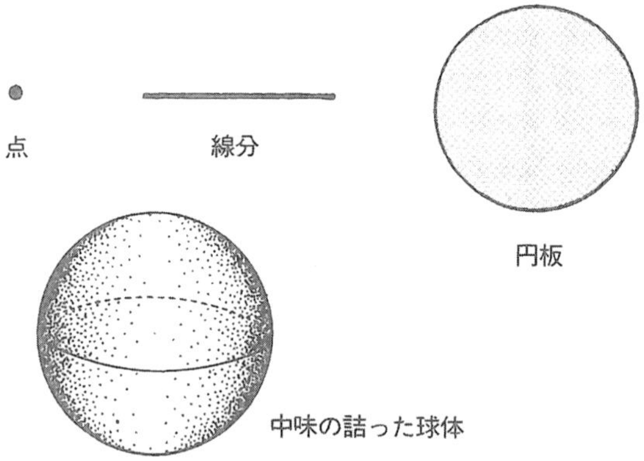

を順に，**0次元胞単体**，**1次元胞単体**，**2次元胞単体**，**3次元胞単体**という。一般に，***n*次元胞単体**D^n は

$$D^n=\{x\in \boldsymbol{R}^n \mid |x|\leqq 1\}$$

で定義される。

有限個の胞単体を用いて，これらの胞複体を「ふち」でくっつけてできる図形を**有限胞複体**という．ただし，胞単体をくっつけるとき，自分自身より低い次元の所へくっつけなければならない．正確を期すため，以下に厳密な定義を書いておく．記号

$$E^n=\{x\in \boldsymbol{R}^n \mid |x|<1\},\qquad S^{n-1}=\{x\in \boldsymbol{R}^n \mid |x|=1\}$$

は今までに用いたものである．

定義　X を図形とする．X の部分集合 e が X の $\boldsymbol{n}$ **次元胞体**であるとは，連続写像 $\varphi: D^n \to X$ が存在し，φ を E^n に制限すると，$\varphi: E^n \to e$ が同相写像になっていることである．φ を胞体 e の**特性写像**という．胞体 e の次元が n であることを明示したいときには，e を e^n と書くことが多い．

定義　X を図形とする．X が共通部分のない有限個の胞体 e_1, $e_2, \cdots, e_m$ の和集合であり：

$$X=e_1\cup e_2\cup\cdots\cup e_m,\qquad e_i\cap e_j=\phi \qquad (i\neq j)$$

かつ，各胞体 e^n の特性写像 $\varphi: D^n \to X$ は

$$\varphi(S^{n-1})\subset \bigcup_{k\leq n-1} e^k$$

を満たすとき，X は**有限胞複体**であるという．

例 11.1　1 次元胞単体 $D^1=[-1,1]$ は，2 つの 0 次元胞体 $e_1{}^0=\{-1\}$, $e_2{}^0=\{1\}$ と 1 つの 1 次元胞体 $e^1=(-1,1)$ をもつ胞複体である：

$$=e_1{}^0\cup e_2{}^0\cup e^1$$

例 11.2　円 $S^1=\{(s,t)\in \boldsymbol{R}^2 \mid s^2+t^2=1\}$ は 0 次元胞体 e^0 と 1 次元胞体 e^1 をもつ胞複体である：

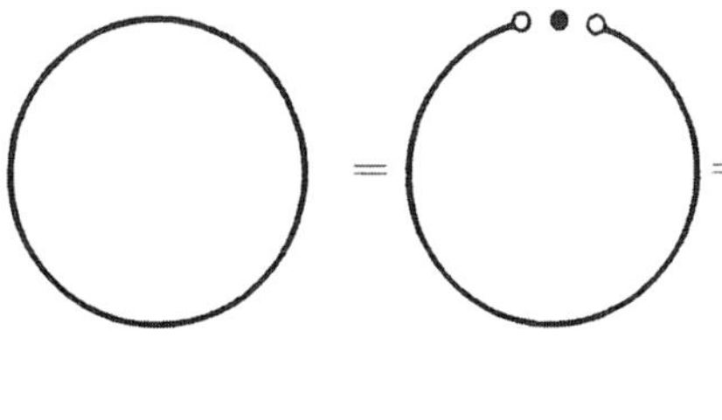

$$=e^0\cup e^1$$

実際，$e^0=(0,1)$，$e^1=s^1-e^0$ とおく．写像 $\varphi: D^1\to S^1$ を

$$\varphi(x)=(2x\sqrt{1-x^2}, 2x^2-1)$$

で定義すると，φ は連続であって，$\varphi: E^1\to e^1$ は同相写像になっている（例 7.9）．かつ，$\varphi(-1)=\varphi(1)=e^0$ である．以上で，$S^1=e^0\cup e^1$ が証明された．この 1 次元胞体 e^1 は E^1 と同相であったが，さらに，E^1 は直線 $\boldsymbol{R}$ に同相である（例 7.5）ので，e^0 を ∞ と書くことにすると，円 S^1 は直線 $\boldsymbol{R}$ に 1 点 ∞ をつけ加えた図形であるとみることができる：

$$S^1=\boldsymbol{R}\cup\infty$$

例 11.3　2 次元胞単体 D^2 は 0 次元胞体 e^0，1 次元胞体 e^1 と 2 次元胞体 e^2 をもつ胞複体である（例 11.2 参照）：

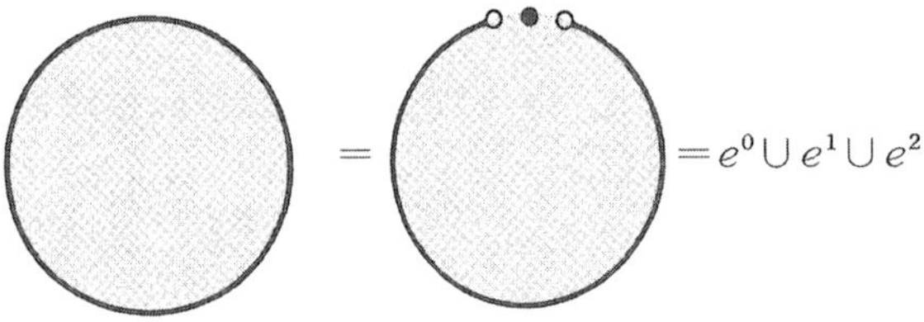

例 11.4　球面 $S^2=\{(s,t,u)\in\boldsymbol{R}^3\mid s^2+t^2+u^2=1\}$ は 0 次元胞体 e^0 と 1 次元胞体 e^2 をもつ胞複体である：

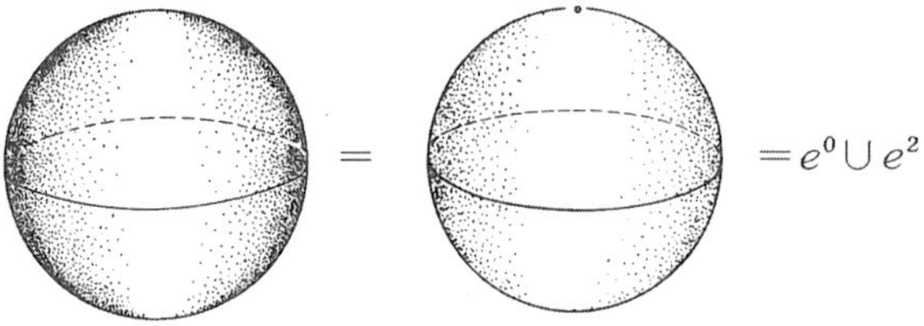

実際，$e^0=(0,0,1)$，$e^2=S^2-e^0$ とおく．写像 $\varphi: D^2\to S^2$ を

$$\varphi(x,y)=(2x\sqrt{1-x^2-y^2}, 2y\sqrt{1-x^2-y^2}, 2x^2+2y^2-1)$$

で定義すると，φ は連続であって，$\varphi: E^2\to e^2$ は同相写像である．後者を示すために，写像 $\phi: e^2\to E^2$ を

$$\phi(s,t,u)=\left(\frac{s}{\sqrt{2(1-u)}}, \frac{t}{\sqrt{2(1-u)}}\right)$$

で定義すると，ϕ も連続であって，$\phi\varphi=1$，$\varphi\phi=1$ を満たしている．さら

に，$\varphi(S^1)=(0,0,1)=e^0$ である．以上で，$S^2=e^0\cup e^2$ が証明された．この 2 次元胞体 e^2 は E^2 と同相であったが，さらに，E^2 は平面 $\boldsymbol{R}^2$ に同相である(例 7.11)ので，e^0 を ∞ と書くことにすると，球面 S^2 は平面 $\boldsymbol{R}^2$ に 1 点 ∞ を付け加えた図形であるとみることができる：

$$S^2=\boldsymbol{R}^2\cup\infty$$

胞複体 X に対して，次のような Euler 数 $\chi(X)$ の定義がある．

定義　有限胞複体 X に対し，整数 $\chi(X)$ を

$$\chi(X)=(X \text{ の 0 次元胞体の個数})-(X \text{ の 1 次元胞体の個数})+(X \text{ の 2 次元胞体の個数})\cdots$$

で定義し，$\chi(X)$ をx の **Euler 数**という．

この Euler 数の定義は前話の Euler 数と一致する．この事実は，Euler 数がホモロジー群 $H_i(x)$，$i=0,1,2,\cdots$ で定義されることを用いると証明できることであるが，詳細は省略する．

例 11.5　円 S^1 の Euler 数は，例 11.2 の胞体分割を用いて

$$\chi(S^1)=\chi(e^0\cup e^1)=1-1=0$$

と計算される(例 10.5)．また，球面 S^2 の Euler 数は，例 11.4 の胞体分割を用いて

$$\chi(S^2)=\chi(e^0\cup e^2)=1+1=2$$

と計算される (例 10.8)．

例 11.6　トーラス T の Euler 数は 0 である．実際，T から下図のように，1 点 e^0 で交わる 2 つの円を除くと 2 次元胞体となるから，T は

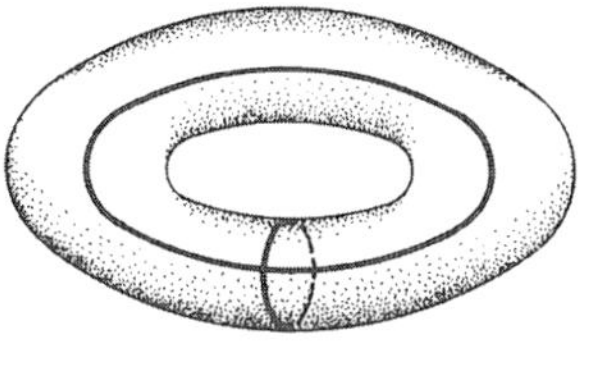

$=e^0\cup e_1^1\cup e_2^1\cup e^2$

と胞体分割される．これから

$$\chi(T)=1-2+1=0$$

と計算される (例 10.14)．

例 11.5，例 11. 6 から分かるように，図形 X が胞体分割されると，Euler 数の計算は簡単になるが，与えられた図形 X を胞体分割することはそれ程簡単ではない．

第12話　Euclid幾何学と位相幾何学の相異と類似

図形の形を変えないEuclid幾何学と，図形の変形を許す位相幾何学は異なった幾何学である．しかし，図形を分類する仕方に類似点も多くあるので，それについて述べよう．

まず，平面Euclid幾何学 $\boldsymbol{R}^2$ について説明しよう．平面 $\boldsymbol{R}^2$ における次の3つの全単射 $g,\ h,\ k:\boldsymbol{R}^2\to\boldsymbol{R}^2$,

$$g(x,y)=(x+p,y+q),$$
$$h(x,y)=(x\cos\theta-y\sin\theta,x\sin\theta+y\cos\theta),$$
$$k(x,y)=(x,-y)$$

を順に，**平行移動**，**回転**，**裏返し**という．これらの写像を有限回合成して得られる写像 $f:\boldsymbol{R}^2\to\boldsymbol{R}^2$ を $\boldsymbol{R}^2$ における**合同変換**（または**運動**という）．ベクトル，行列の記号を用いると，$g,\ h,\ k$ はそれぞれ

$$g\begin{pmatrix}x\\y\end{pmatrix}=\begin{pmatrix}x\\y\end{pmatrix}+\begin{pmatrix}p\\q\end{pmatrix},$$
$$h\begin{pmatrix}x\\y\end{pmatrix}=\begin{pmatrix}\cos\theta & -\sin\theta\\ \sin\theta & \cos\theta\end{pmatrix}\begin{pmatrix}x\\y\end{pmatrix},$$
$$k\begin{pmatrix}x\\y\end{pmatrix}=\begin{pmatrix}1 & 0\\ 0 & -1\end{pmatrix}\begin{pmatrix}x\\y\end{pmatrix}$$

と表すことができることに注意すると，合同変換 $f:\boldsymbol{R}^2\to\boldsymbol{R}^2$ は

$$f(x)=Ax+p \qquad A\ \text{は（2次の）直交行列}$$

と表される．ここに，A が**直交行列**であるとは，${}^tAA=E$（${}^tA$ は A の転置行列，E は単位行列）を満たす実行列のことである（第19話参照）．

定義　$X,\ Y$ を $\boldsymbol{R}^2$ の図形とする，X を運動により動かして Y に重ねることができるとき，すなわち，合同変換 $f:\boldsymbol{R}^2\to\boldsymbol{R}^2$ が存在し

て

$$f(X)=Y$$

となるとき，X と Y は**合同**であるといい，記号 $X\equiv Y$ で表す．

Klein 流にいうならば

Euclid 幾何学 $\boldsymbol{R}^2$ とは，$\boldsymbol{R}^2$ の図形を合同のもとで分類する幾何学である

ということになる．位相幾何学は図形を同相のもとに分類する幾何学であり，そして，同相の定義は両連続な全単射 $f: X\to Y$ が存在することであった．この同相の定義は，X，Y が含まれている空間 $\boldsymbol{R}^n$ 全体のことについては触れていない．このことは，合同の定義とは異質なものである．位相幾何学でも，合同に対応するものとして次がある．

定義　X，Y を $\boldsymbol{R}^n$ の図形とする．同相写像 $f: \boldsymbol{R}^n\to\boldsymbol{R}^n$ が存在して

$$f(X)=Y$$

となるとき，X，Y の $\boldsymbol{R}^n$ への**埋め込み**が同じであるという．

例 12.1　開線分 $E^1=(-1,1)$ と直線 $\boldsymbol{R}$ は同相であった（例 7.5）．しかし，E^1 と $\boldsymbol{R}$ を（普通のように）$\boldsymbol{R}^2$ の図形とみるとき，両者の埋め込み方が異なっている．すなわち，$f(E^1)=\boldsymbol{R}$ となるような同相写像 $f: \boldsymbol{R}^2\to\boldsymbol{R}^2$ が存在しないのである．実際，同相写像 $f: \boldsymbol{R}^2\to\boldsymbol{R}^2$ が存在して $f(E^1)=\boldsymbol{R}$ となるとしよう．このとき，

$$\boldsymbol{R}^2-E^1\cong\boldsymbol{R}^2-\boldsymbol{R}$$

となる筈であるが，前者は弧状連結であり，後者は弧状連結でないからである（定理 9.1）．

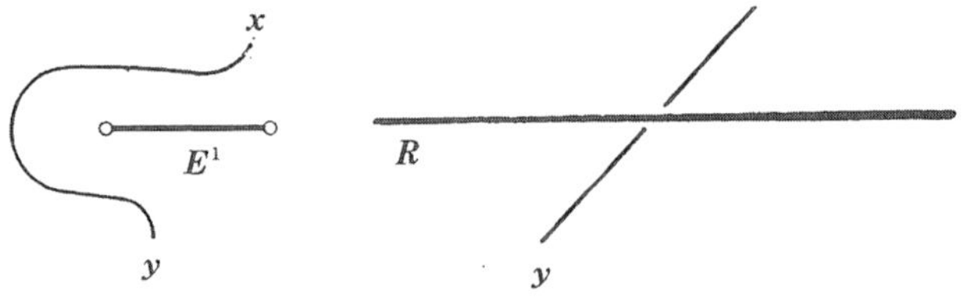

例 12.2　空間 $\boldsymbol{R}^3$ において，次の 3 つの図形 A，B，C を考えよう．

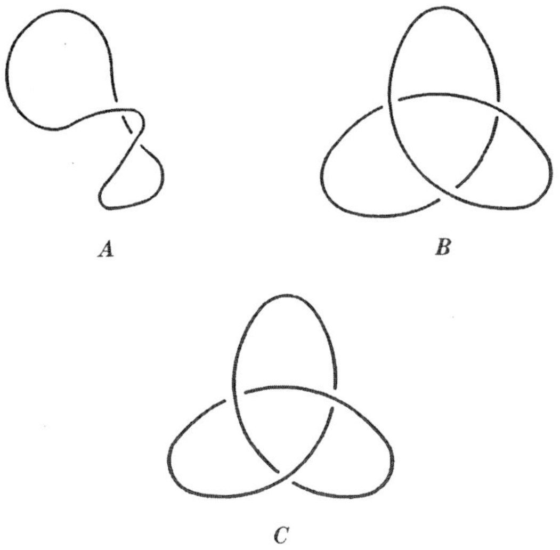

A, B は $\boldsymbol{R}^3$ への埋め込みが同じである．しかし，A と C は $\boldsymbol{R}^3$ への埋め込み方が異なっている．（そのために，$\boldsymbol{R}^3-A$ と $\boldsymbol{R}^3-C$ が同相でないことを示すのであるが，その証明は簡単ではない）．円 S^1 を空間 $\boldsymbol{R}^3$ への埋め込みで分類する幾何学を**結び目理論**と呼んでおり，位相幾何学の1つの興味ある研究分野になっている．

平面 $\boldsymbol{R}^2$ の図形を合同のもとで分類するのに合同不変量を用いる．**合同不変量**とは

合同な図形が共有している性質

のことである．われわれは合同不変量として

面積　　長さ　　角

等を知っている．例えば，次の2つの3角形は面積が異なるので合同でない：

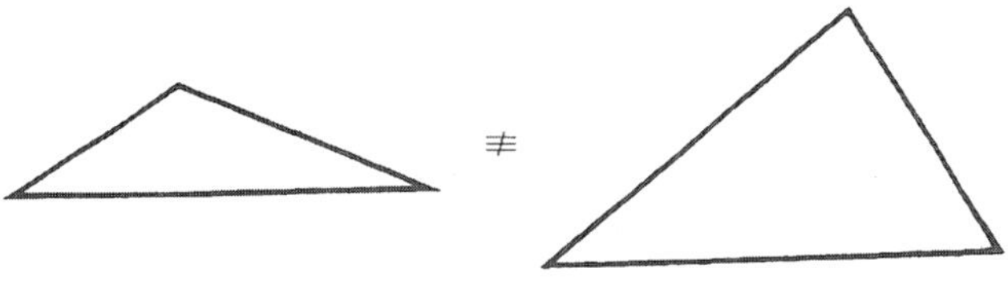

と判定できる．もし面積が等しければ，長さ，あるいは角に注目して，それらが1つでも異なると合同でないと判定してよい．

位相幾何学で，われわれは compact，弧状連結と Euler 数の3つの位

相不変量を知った．しかし，前者の 2 つと後者との間には質的に差があるようである．図形が compact であるとか弧状連結であるとかは，その図形の幾何学的性質である．だから，図形を compact や弧状連結に着目して分類することは，幾何学的図形を分類するのに幾何学的性質を用いたことになる．これに反して，Euler 数は数値であることに注目しよう．すなわち，Euler 数を用いることは，図形を分類するのに代数的な量を用いたことになる．このことは，Euclid 幾何学 $\boldsymbol{R}^2$ における合同不変量の面積，長さ，角に類似している．

図形を代数的な量を用いて分類しようとする位相幾何学を**代数的位相幾何学**と呼んでいる．代数的な位相不変量として「群」を用いることが多く，Poincaré, Hurewiz, Grothendieck 等により定義された**ホモロジー群** $H_i(X)$，**ホモトピー群** $\pi_i(X)$，***K* 群** $K(X)$ 等がある．現在では，主な図形のホモロジー群は計算されている．一方，球面 S^n のホモトピー群 $\pi_i(S^n)$ を求めるために，Hopf，Serre，Adams，Toda 等によりすばらしい理論がつくられたが，実際に計算されているのはほんの僅かであるといえる．最も簡単な図形と思われる球面 S^n でさえこの状態であり，たとえこれらの量がすべて計算されたとしても，図形の分類が完成するというものでもない．そもそも代数的な量だけで幾何学を知りつくそうとすることに無理があるのかもしれない．

3 角形の合同で次の定理を知っている．

定理 12.3　2 つの 3 角形が合同であるための必要十分条件は，対応する 3 辺の長さが等しいことである：

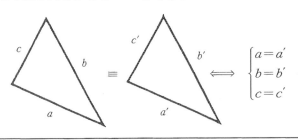

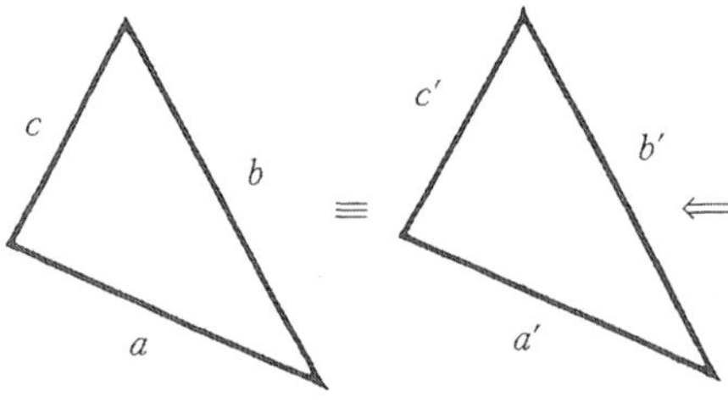

$$\Longleftrightarrow \begin{cases} a=a' \\ b=b' \\ c=c' \end{cases}$$

2 つの 3 角形が合同であるということは幾何学的性質であるが，この定理12．3 は，その合同が 3 辺の長さという代数的な量で完全に決定されることを示している．幾何学的性質が代数的量で完全に計れるという意味で，Euclid 幾何学は「3 角形の合同」の問題に関する限り完成したといえる．その Euclid 幾何学でも，図形が少し複雑になればこのような見事な定理は見当らない．この観点からすれば，Euclid 幾何学は未完の幾何学であり，今後も完成することはないであろう．位相幾何学でも，2 次閉曲面に関しては，「Euler 数と方向付け」で完全に分類されることが知られている．しかし，一般の図形では分類するのに十分な位相不変量が見つかっていない．この点では，位相幾何学も未完の幾何学であるといえる．このように，幾何学は未知の分野を多くかかえているからこそ興味深い学問であるともいえよう．

第13話　ホモトピー同値

図形を同相で分類しようとするのが位相幾何学であるといったが，これを完成することは不可能といえる程難かしい問題である．そこで，位相幾何学では同相より荒いホモトピー同値で分類することを考えるこの方がむしろ多い．この定義は後で書くことにして，まず直観的に理解することにしよう．2つの図形 X，Y がホモトピー同値であることを，本書では記号

$$X \sim Y$$

で表すことにする．

まず，直線的な図形は1点・と**ホモトピー同値**であることを認めることにしよう．すなわち

直線
〜半直線
〜半開直線
〜線分
〜半開線分
〜開線分
〜1点・

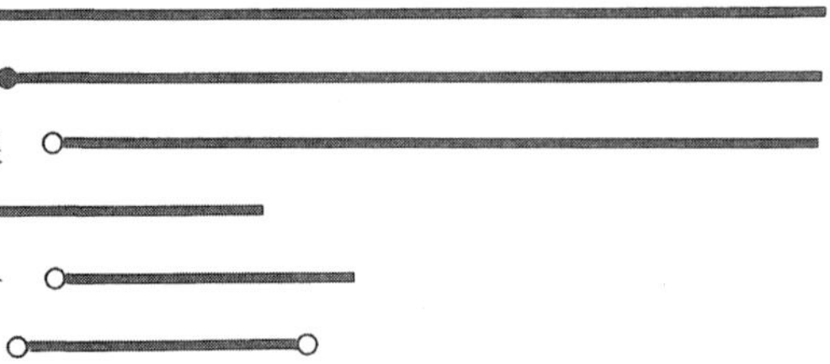

である．また，同相ならばホモトピー同値である：

$$X \cong Y \quad ならば \quad X \sim Y$$

という事実も認めよう．もちろん，これだけでは不十分であるが，ともあれ話を進めよう．

例 13.1　次のアルファベット26文字（例1.2）をホモトピー同値のもとで分類しよう．

ABCDEFGHIJKLMN
OPQRSTUVWXYZ

A は  に同相であった(例 1.2)が，円から出ている 2 本の線分を根元の点に縮めると 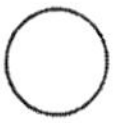 になる．したがって，A は 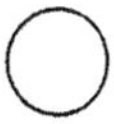 にホモトピー同値である．B は 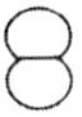 に同相であった(例 1.2)が，この中央の線分を 1 点に縮めると  となる．したがって，B は 8 の字にホモトピー同値である．このようにすると，答は次のようになり，3 種に分類される．

A ~ D ~ O ~ P ~ R ~ 
B ~ Q ~ 
C ~ E ~ F ~ G ~ H ~ I ~ J ~ K ~ L ~ M
~ N ~ S ~ T ~ U ~ V ~ W ~ X ~ Y ~ Z ~ 1 点．

例 13.2　円板 D^2，開円板 E^2 は共に 1 点にホモトピー同値である：

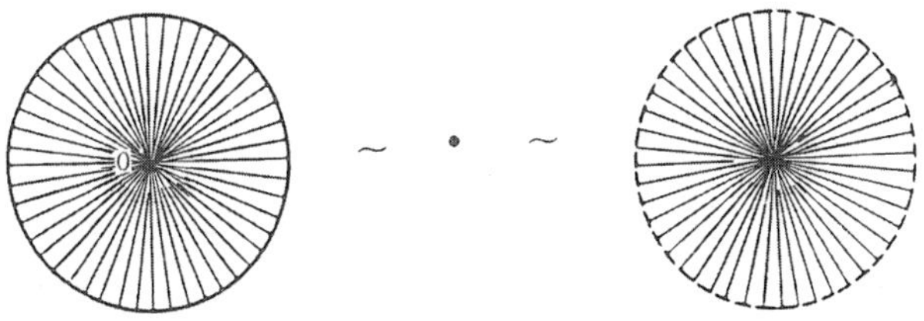

これを次のように理解しよう．円板 D^2 の中心から上図のように半径を各方向に描くと，これらの半径は円板 D^2 を隈なく埋めるが，これらの半径を中心 0 に縮めると 1 点 0 になる．したがって，円板 D^2 は 1 点にホモトピー同値である．E^2 についても同様である．正方形板 I^2 も 1 点にホモトピー同値である．これは，$I^2 \cong D^2$ である (例 8.6) から，上記の結果であるといえるが，別の見方をして示してみよう．I^2 が横の線分で作られているとみて，これらの線分をそれぞれ右端の 1 点に縮めると線分 I になり，さらに，これは 1 点に縮まる．よって，I^2 は 1 点にホモトピー同値

値である．

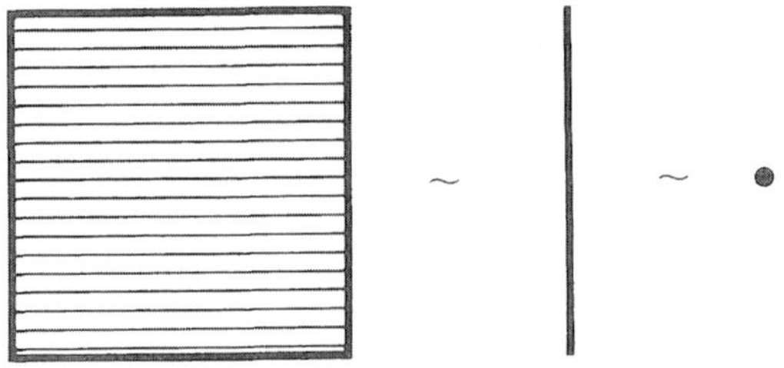

例 13.3　下図のような手のついた籠は円 S^1 にホモトピー同値である：

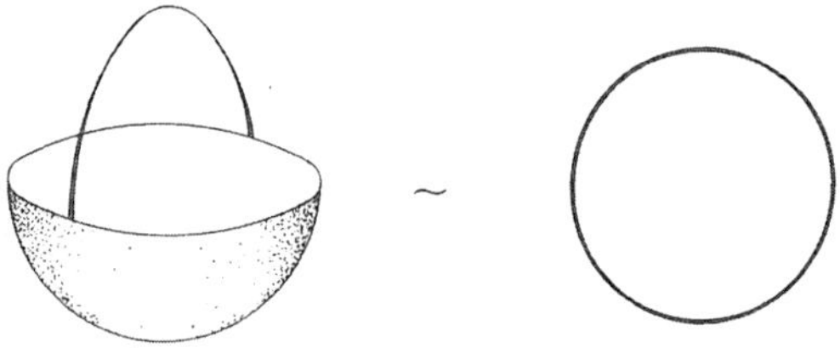

実際，籠の部分を 1 点に縮める（例 13.2）と，手の両端がくっついて円になるからである．

例 13.4　円柱面，Möbius の帯は共に円 S^1 にホモトピー同値である：

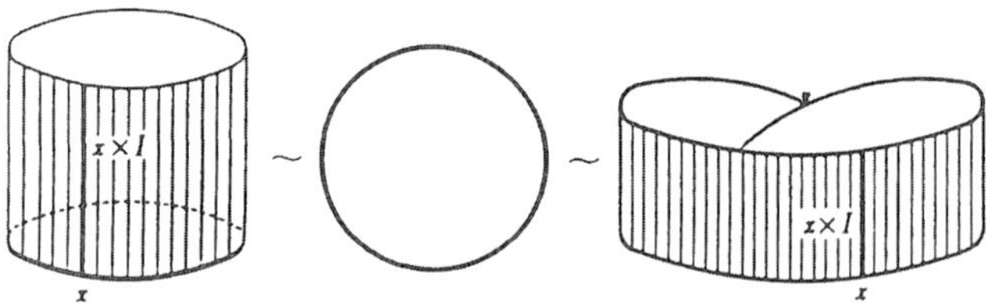

実際，円柱面の各母線を下方の円の点に縮めると円になるからである．Möbius の帯も「ふち」は円 S^1 であり，その円の各点に線分がくっつけてできた図形であることは円柱面と同様であり，その線分を 1 点に縮めると円になるからである．円柱面と Möbius の帯は同相でない（例 15.7）が，ホモトピー同値の分類では同じものである．

例 13.5　次の 6 つの図形はホモトピー同値である：

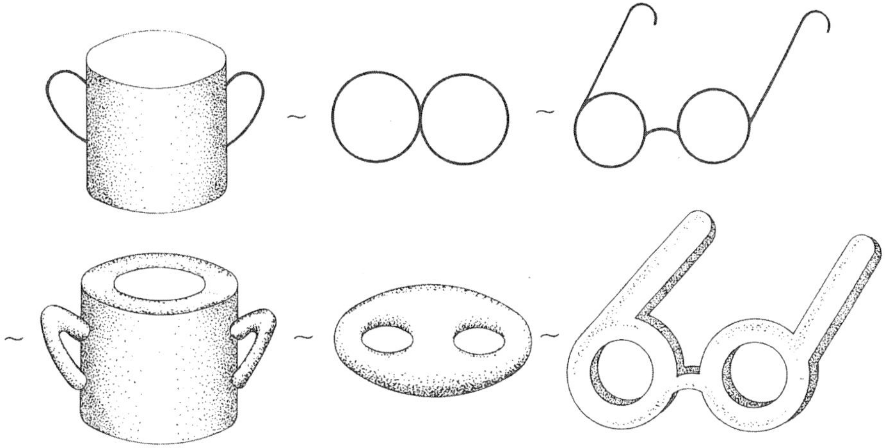

ただし，下方の図形の中味は詰っているものとする．中味が詰っていると，それを押しつぶすことができるからである．

例 13.6　下図のような 2 つの人形の首はホモトピー同値である：

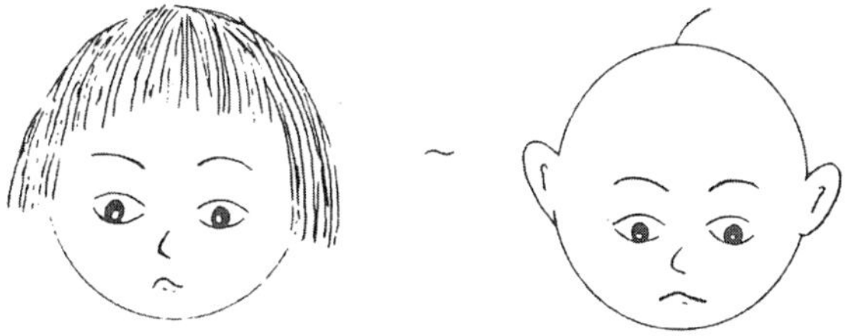

実際，毛は 1 点に縮まるから，ホモトピー同値のもとでは，毛が生えていてもいなくても問題にならない．しかし，毛がもつれていると円になってしまうので話は別である．頭の中に脳が一杯詰っていると，1 点にホモトピー同値になってしまうが，頭の中に空洞があると，球面 S^2 にホモトピー同値になってしまう．

ホモトピー同値の感覚が少し分かったところで，その定義を与えよう．

記号 $I=[0,1]$ は今まで通りである．

定義　X, Y を図形とする．

(1)　2 つの連続写像 $f, g: X\to Y$ に対し，連続写像 $F: X\times I\to Y$ が存在し

$$\begin{cases} F(x,0)=f(x) \\ F(x,1)=g(x) \end{cases}$$

となるとき，f と g は**ホモトープ**であるといい，$f\sim g$（または $f\underset{F}{\sim}g$）で表す．

(2)　X, Y の間に，連続写像 $f: X\to Y$，$g: Y\to X$ で

$$gf\sim 1,\quad fg\sim 1$$

を満たすものが存在するとき，X と Y は**ホモトピー同値**であるといい，記号

$$X\sim Y$$

で表す．

定義より明らかなように，同相 $X\cong Y$ ならば，ホモトピー同値である．

例 13.7　直線 $\boldsymbol{R}$，より一般に $\boldsymbol{R}^n$ は 1 点 $\{0\}$ にホモトピー同値である：

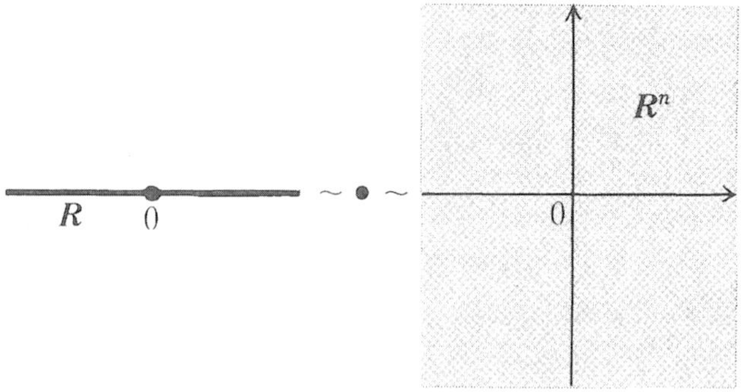

実際，写像 $f: \boldsymbol{R}^n\to\{0\}$，$g: \{0\}\to\boldsymbol{R}^n$ をそれぞれ

$$f(x)=0,\quad g(0)=0$$

で定義すると，f，g は連続であって，$gf\sim 1$，$fg\sim 1$ となっている．まず，$gf\sim 1$ を示そう．写像 $F: \boldsymbol{R}^n\times I\to\boldsymbol{R}^n$，

$$F(x, t)=tx$$

は連続であって，$F(x,0)=0=gf(x)$，$F(x,1)=x=1(x)$ となるから，$gf\sim 1$ である．一方，明らかに $fg=1$ であるから，当然 $fg\sim 1$ である．よって，$\boldsymbol{R}^n\sim\{0\}$ である．

開線分 E^1，開円板 E^n，また線分 D^1，円板 D^n も1点にホモトピー同値である：

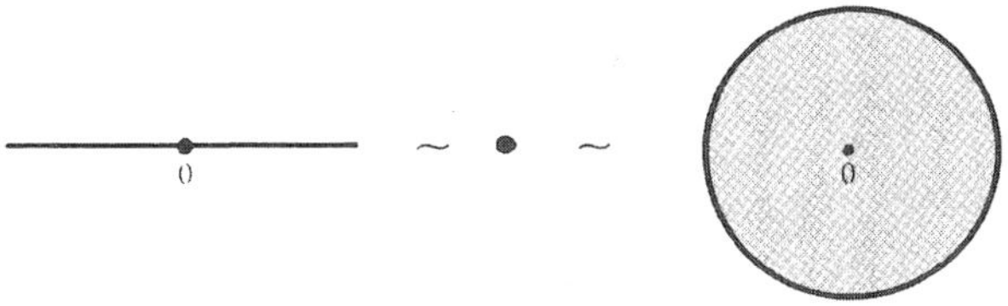

この証明は上記と同様である．

> **命題 13.8**　図形 X, X'，Y, Y' に対して
> $$X\sim X',\ Y\sim Y' \quad \text{ならば} \quad X\times Y\sim X'\times Y'$$
> が成り立つ

証明　$X\times Y\sim X\times Y'$ を証明すれば十分である（証明して下さい）．$Y\sim Y'$ であるから，連続写像 $f: Y\to Y'$，$g: Y'\to Y$ があって $gf \underset{F}{\sim} 1$，$fg \underset{F'}{\sim} 1$ となる．さて，写像 $\tilde{f}: X\times Y\to X\times Y'$，$\tilde{g}: X\times Y'\to X\times Y$ をそれぞれ

$$\tilde{f}(x, y)=(x, f(y)),\quad \tilde{g}(x, y)=(x, g(y))$$

で定義すると，$\tilde{f}$，$\tilde{g}$ は連続であって，$\tilde{g}\tilde{f}\sim 1$，$\tilde{f}\tilde{g}\sim 1$ となる．実際，写像 $\tilde{F}: X\times Y\times I\to X\times Y$ を

$$\tilde{F}(x, y, t)=(x, F(y, t))$$

で定義すると，$\tilde{F}$ は連続であり，$\tilde{g}\tilde{f} \underset{\tilde{F}}{\sim} 1$ であることが容易に示される．$\tilde{f}\tilde{g}\sim 1$ も同様に示される．よって，$X\times Y\sim X\times Y'$ である．

例 13.9　無限に延びた円柱面 $S^1\times\boldsymbol{R}$，円柱面 $S^1\times I$ はいずれも円 S^1 にホモトピー同値である．実際，$\boldsymbol{R}\sim\{\cdot\}$ である（例 13.7）から，$S^1\times\boldsymbol{R}\sim S^1\times\{\cdot\}$（命題 13.8）となるが，$S^1\times\{\cdot\}$ を S^1 と同一視することにし

て，$S^1 \times \boldsymbol{R} \sim S^1$ を得る．$S^1 \times I \sim S^1$ も同様である．

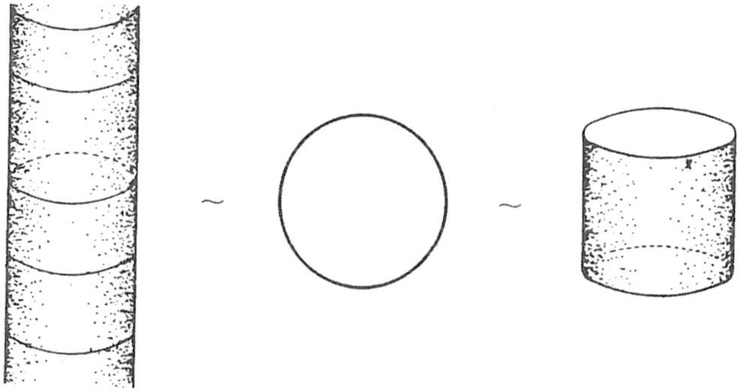

第 14 話　ホモトピー不変量

今までに弧状連結, Euler 数の位相不変量を知ったが, これらはホモトピー不変量にもなっているのである. **ホモトピー不変量**とは

ホモトピー同値な図形が共有している性質

のことである.

定理 14.1　弧状連結, Euler 数はホモトピー不変量である. すなわち, 図形 X, Y に対し, 次の(1),(2)が成り立つ.

(1)　$X \sim Y$　ならば　X, Y の弧状連結性が一致する.

(2)　$X \sim Y$　ならば　$\chi(X) = \chi(Y)$

証明の方針　図形 X の弧状連結性, Euler 数がホモロジー群 $H_i(X)$, $i = 0, 1, 2, \cdots$ で用いて表示され, かつ, ホモロジー群 $H_i(X)$ がホモトピー不変量であることから導かれる.

例 14.2　直線 I と円 S^1 は同相でない (例 9.4, 例 10.16) ことを知ったが, さらに, 両者はホモトピー同値でもない.

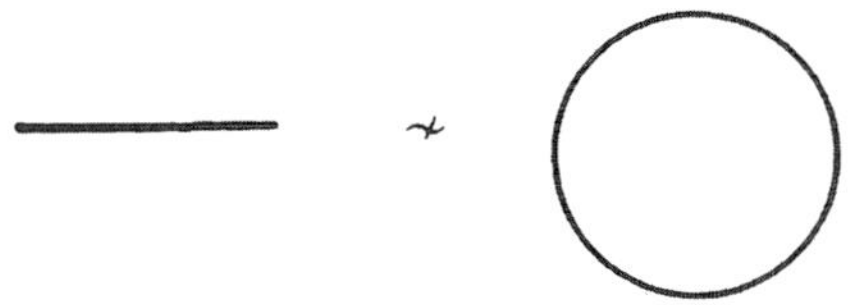

実際, $\chi(I) = 1$ (例 10.4), $\chi(S^1) = 0$ (例 10.5) であるからである (定理 14.1).

例 14.3　定理 14.1 を逆用して, 図形 X の Euler 数 $\chi(X)$ を求めるとき, X をホモトピー同値で簡単な図形に変形してから計算してもよい.

例えば，円板 D^2 は 1 点にホモトピー同値である（例 13.7）から

$x($  $)=x(\cdot)=1$

として計算される（例 10.11）.

例 14.4　円 S^1,放物線 P，双曲線 H は互いに同相でなかった（例 9.3）が，さらに，これらは互いにホモトピー同値でもない：

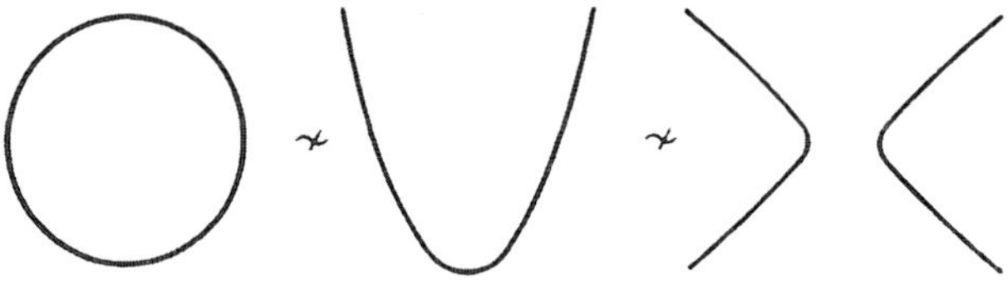

実際，$P\sim\{\cdot\}$（例 7.8,例 13.7）,$H\sim\{\cdot\ \cdot\}=S^0$（$H\cong S^0\times \boldsymbol{R}$ と例 13.9 参照）と，$\chi(S^1)=0$（例 10.5），$\chi(\cdot)=1$，$\chi(S^0)=2$ より分かる（定理 14.1）.

例 14.5　平面 $\boldsymbol{R}^2$ と空間 $\boldsymbol{R}^3$ は同相でない：

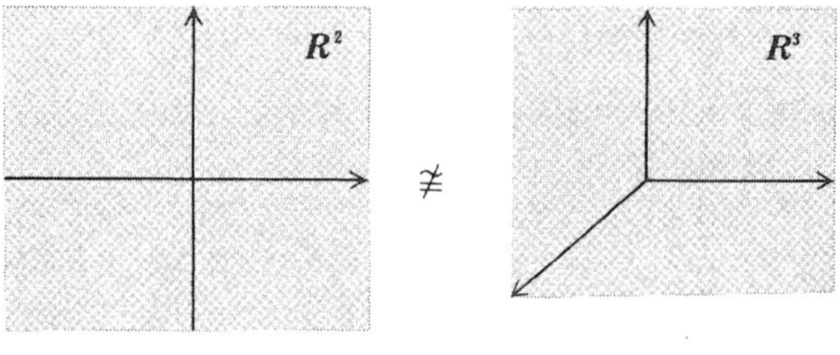

実際，背理法による．$\boldsymbol{R}^2=\boldsymbol{R}^3$，すなわち同相写像 $f:\boldsymbol{R}^2\to\boldsymbol{R}^3$ が存在したとする．$f(0)=a$ とおくとき

$$\boldsymbol{R}^2-\{0\}\cong\boldsymbol{R}^3-\{a\}$$

となる．$\boldsymbol{R}^2-\{0\}\cong S^1\times\boldsymbol{R}$，$\boldsymbol{R}^3-\{a\}\cong\boldsymbol{R}^3-\{0\}\cong S^2\times\boldsymbol{R}$（例 7.12）であるから，同相

$$S^1\times\boldsymbol{R}\cong S^2\times\boldsymbol{R}$$

を得る．さらに $\boldsymbol{R}\sim\{\cdot\}$ である（例 13.7）から，ホモトピー同値

$$S^1\sim S^2$$

を得る（例 13.9）．しかるに，$\chi(S^1)=0$（例 10.5），$\chi(S^2)=2$（例 10.8）であるから，$S^1\not\sim S^2$ となり（定理 14.1）矛盾する．よって，$\boldsymbol{R}^2\not\approx\boldsymbol{R}^3$ である．

例 14.6　compact はホモトピー不変量でない．実際，直線 $\boldsymbol{R}$ は 1 点 $\{\cdot\}$ にホモトピー同値であった（例 13.7）が，$\boldsymbol{R}$ は compact でなく（例 4.4），1 点 $\{\cdot\}$ は compact である．

第15話　方向付け

図形 X の方向付けについて述べよう．方向付けは任意の図形に対して定義されるのでないので，この節では，曲面に限ることにする．

定義　曲面 X に同相な 3 角形分割された有限多面体 P を取る．そして，その各 3 角形の辺に添って矢印を付け，隣り合う 3 角形の共通の辺の所では矢印の方向が逆になっているようにできるならば，X は**方向付け可能**であるといい，そうできないとき，X は**方向付け不可能**であるという．

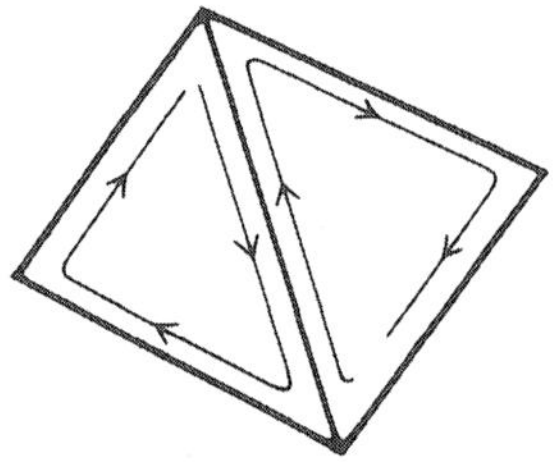

例 15.1　球面 S^2 は方向付け可能な曲面である．実際，S^2 に同相な 3 角分割された有限多面体として正 4 面体をとり，次図のように各 3 角形に方向付けるとよい．

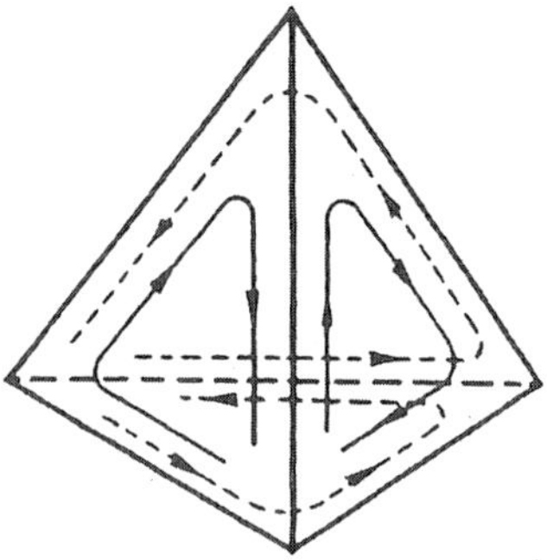

例 15.2　円柱面 $S^1 \times I$ は方向付け可能な曲面であるが，Möbius の帯 M は方向付け不可能な曲面である．それは次の図から読みとれるであろう．

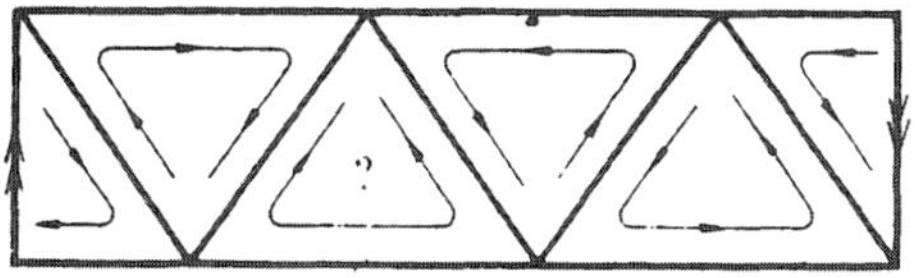

曲面 X が空間 $\boldsymbol{R}^3$ の図形であるとき，方向付けは次のように しても定義される．

> **命題15.3**　曲面 X の各点に向きの付いた（零でない）法線ベクトルを連続的に立てられるならば，X は方向付け可能であり，そうでなければ方向付け不可能である．

証明の概略　X が方向付け可能な曲面ならば，X の各点には 3 角形の向きに従った向きが付いているから，各点からネジの進む方向に法線を引くと，X に連続な法線ベクトル場をつくることができる．逆に，X が連続な法線ベクトル場をもてば，各 3 角形に方向が付けられ，X が方向付け可能となる．

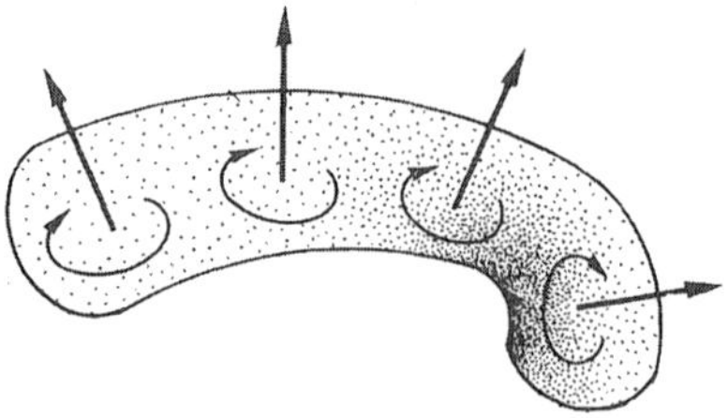

例 15.4　空間 $\boldsymbol{R}^3$ の中の球面 S^2 およびトーラス T は，次のような連続な法線ベクトル場をもっている．

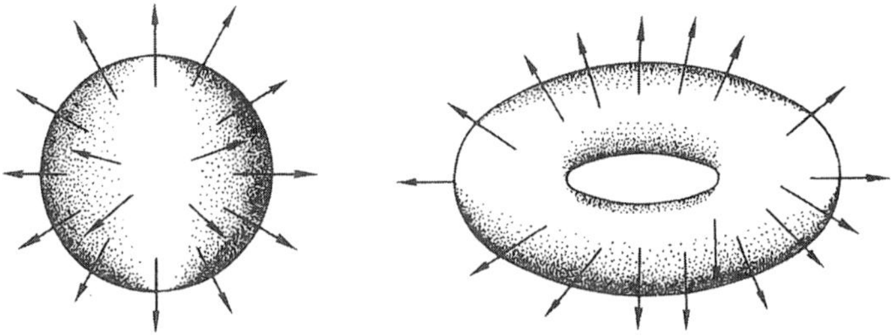

したがって，球面 S^2 はじめ（例 15.1）トーラス T も方向付け可能な曲面である（定理 15.3）．

例 15.5　円柱面 $S^2 \times I$ は連続な法線ベクトル場をもっている．しかし，Möbius の帯 M は連続な法線ベクトル場をもたない．実際，M 上の 1 点 x に法線ベクトルを立て，その法線ベクトルを連続的に動かして M 上を一周して x に戻ると，ベクトルの方向が逆になってしまうからである（例 15.2 参照）．

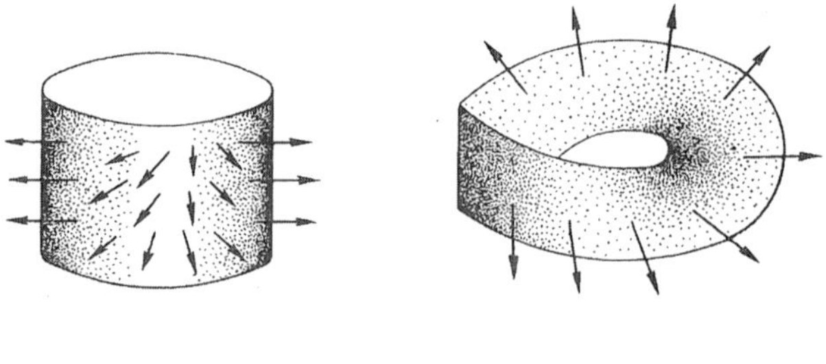

> **定理 15.6**　曲面 X の方向付け可能は位相不変量である．すなわち，曲面 X が方向付け可能で，曲面 Y が方向付け不可能ならば，X と Y は同相になり得ない：$X \not\cong Y$

証明の方針　曲面 X の方向付け可能性は，X のホモロジー群から記述されるからである．

例 15.7　円柱面 $S^1 \times I$ と Möbius の帯 M は同相でない：

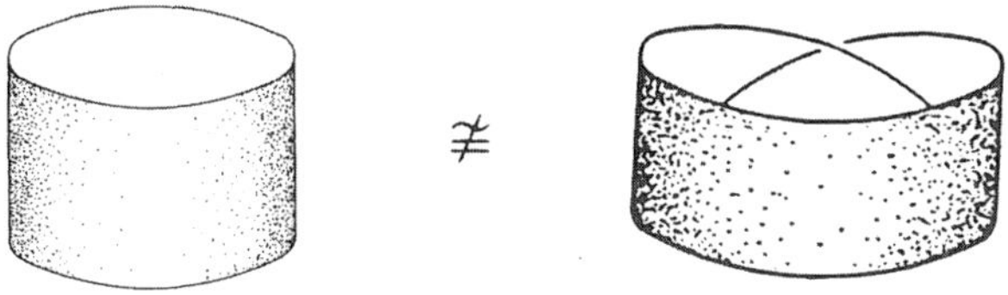

実際，$S^1 \times I$ は方向付け可能であり (例 15.2)，M は方向付け不可能である (例 15.2) からである (定理 15.6)．

第16話　等化図形

数学で重要な基本概念である同値関係について説明し，図形を同値関係によって分類して新しい図形を構成することを考えよう．

定義　集合 X に記号 $\sim$ で表される関係が定義され，X の任意の2点 x，y に対して，$x\sim y$ であるか $x\sim y$ でないかのどちらが成り立ち，次の3つの条件

(1)　$x\sim x$

(2)　$x\sim y$ ならば $y\sim x$

(3)　$x\sim y$，$y\sim z$ ならば $x\sim z$

を満たすとき，集合 X に**同値関係** $\sim$ が与えられたという．$x\sim y$ のとき，x と y は**同値**であるという．

集合 X に同値関係 $\sim$ が与えられたとき，この関係を用いて X を共通部分のない部分集合に分けられることを示そう．X の各点 a に対し，a に同値な X の点 x をすべて集めて X の部分集合 $[a]$ をつくる：

$$[a]=\{x\in X \mid x\sim a\}$$

(1)より $a\in[a]$ である．$[a]$ を a を含む**類**という．X の2点 a，b に対し

$$[a]=[b] \quad \text{または} \quad [a]\cap[b]=\phi$$

が成りたつことが分かる（(2),(3)を用いて証明して下さい)．これより，X を異なる類の和

$$X=[a]\cup[b]\cup[c]\cup\cdots$$

に分けられることが分かった．この分解を，X を同値関係 $\sim$ によって**分類する**という．さて，X の上記の分類において，$[a],[b],[c],\cdots$ をそれぞれ1点とみなすと，新しい集合ができる．この集合を $X/\sim$：

$$X/\sim=\{[a],[b],[c],\cdots\}$$

で表し，$X/\sim$を，X を同値関係$\sim$により分類した**等化集合**という．

図形 X に同値関係$\sim$が与えられているとき，等化集合 $X/\sim$が図形になるとは限らないことがおこる．すなわち，X に極限が定義されていても，$X/\sim$には極限が定義されるとは限らないのである．「位相」とか「位相空間論」の書を始め，一般の数学書を紐解くとき，「開集合」を用いて「位相空間」を定義し，「連続写像」「compact」等は本書により広い意味で述べられている．このような抽象化された位相空間論の必要性は，等化集合 $X/\sim$に位相を入れるためにあるといっても過言ではない．本書は幾何学の初歩的な入門書であるため，$X/\sim$の位相の導入については触れないでおく．しかし，これから登場する例では，$X/\sim$が再び図形になるものばかりであるので，$X/\sim$を**等化図形**ということにする．$X/\sim$の位相の定義がないが，直観的には理解できるものと思う．

例 16.1　線分 $I=[0,1]$ において

$$s\sim t \iff s=t \text{ または} \begin{cases} s=0 \\ t=1 \end{cases}, \begin{cases} s=1 \\ t=0 \end{cases}$$

と定義すると，$\sim$は同値関係を満たす．この等化図形 $I/\sim$は，開線分 $(0,1)$ の所はそのままにして，0 と 1 は同一視して 1 点とみなすことであるから，線分 I の両端をくっつけて円 S^1 になる：$I/\sim\cong S^1$ というわけである：

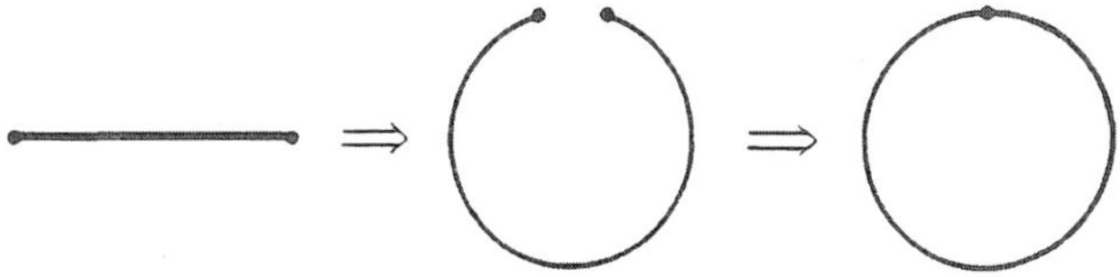

例 16.1 を少し一般化しよう．

定義　X を図形とし，A を X の部分集合とする．X において

$$x\sim y \iff x=y \text{ または } x, y\in A$$

と定義すると，$\sim$は同値関係を満たす．このときの等化図形 $X/\sim$を X/A で表し，X において **A を 1 点に縮めた図形**という．

例 16.2　円板 D^2 において，その「ふち」の円 S^1 を 1 点に縮めた図形に球面 S^2 である：$D^2/S^1\cong S^2$．

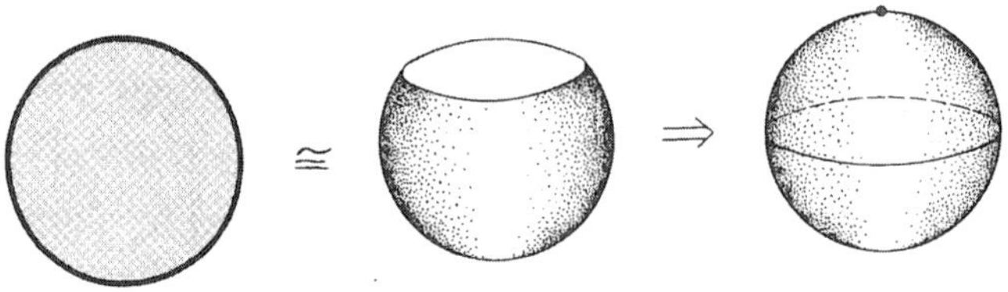

これを直観的に理解するには，円板 D^2 を風呂敷にみたてて，その「ふち」を1点につまんだ状態を想像するとよい．

例 16.3　直線 $\boldsymbol{R}$ において

$$x \sim y \iff x-y \text{ が整数}$$

と定義すると，～は同値関係を満たす．このときの等化図形 $\boldsymbol{R}/\sim$ は円 S^1 になる：

$$\boldsymbol{R}/\sim \cong S^1$$

これを次のようにして理解することにしよう．実数 t に対し，t に同値な実数全体の集合 $[t]$ は

$$[t]=t+\boldsymbol{Z}=\{\cdots, t-2, t-1, t, t+1, t+2, t+3, \cdots\}$$

である．t を $0 \leqq t \leqq 1$ にとって，これを直線 $\boldsymbol{R}$ 上に図示すると

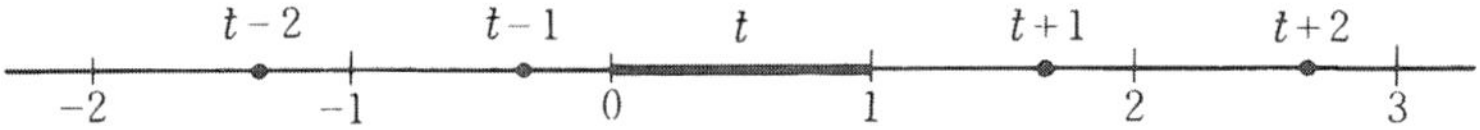

となる．さて，等化図形 $\boldsymbol{R}/\sim$ においては，$[t]$ を1点とみなすのであるから，$[t]$ を t とみなすと，線分 $I=[0,1]$ になる．しかし，これが求めるものではない．0と1は同値である：$0 \sim 1$ から，これをくっつけて円 S^1 になるというわけである(例 16.1 参照)．

$\boldsymbol{R}/\sim \cong S^1$ は次のようにみると分かり易いかもしれない．$\cdots, t-1, t, t+1, t+2, \cdots$ を縦にして，直線 $\boldsymbol{R}$ を右図のように渦巻状にする．等化図形 $\boldsymbol{R}/\sim$ では，これらの点を1点をみなすのであるから，この渦巻直線 $\boldsymbol{R}$ を上から押しつぶして円 S^1 ができると理解するのである．同じことではあるが，直線 $\boldsymbol{R}$ を円 S^1 に，コイルを作るときのよう

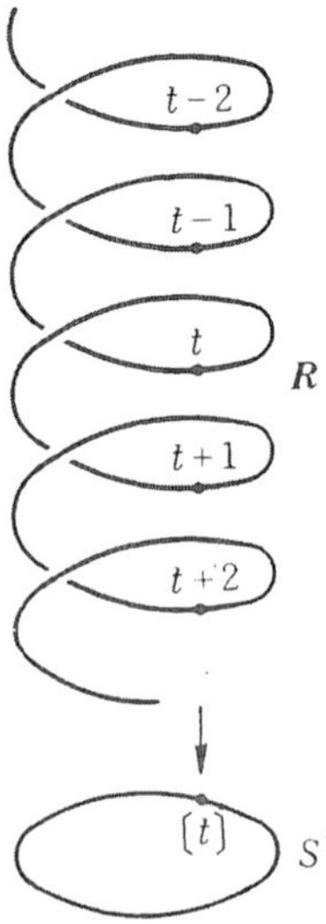

に，ぐるぐる巻きつける状態を考えるとよい．

上記のような考え方は，周期関数 $f: \boldsymbol{R} \to \boldsymbol{R}$, $f(x+p)=f(x)$ を取り扱うとき常に生ずる．例えば

$$f: \boldsymbol{R} \to \boldsymbol{R}, \quad f(x)=\sin x$$

のグラフは周期 2π で繰り返すので，区間 $[0, 2\pi]$ で考察すれば十分である．さらに，0 と 2π では同じ値をとるので，0 と 2π と同一点とみて，

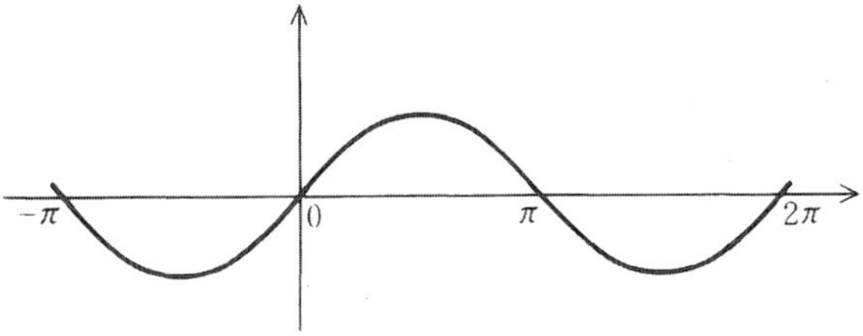

結局，$\sin x$ は円 S^1 の上で定義された関数とみた方が都合がよいとしたものである．

例 16.4　平面 $\boldsymbol{R}^2$ において

$$(x, y) \sim (x', y') \iff x-x',\ y-y' \text{ が共に整数}$$

と定義すると，$\sim$ は同値関係を満たす．このときの等化図形はトーラス T になる：

$$\boldsymbol{R}^2/\sim \;\cong T$$

これを次のようにして理解することにしよう．平面 $\boldsymbol{R}^2$ の点 (s, t), $0 \leqq s \leqq 1$, $0 \leqq t \leqq 1$ に対し，(s, t) に同値な点全体の集合 $[s, t]$ は

$$[s, t]=\{(s+m, t+n) \mid m, n \text{ は整数}\}$$

であるが，$\boldsymbol{R}^2/\sim$ では $[s, t]$ を1点とみなすのであるから，これを点 (s, t) と同一視する．この操作は，平面 $\boldsymbol{R}^2$ を次図のように正方形に分けて，これらを正方形 $OABC$ に重ね合わせると思うとよい．しかし，正方形 $OABC$ の対辺の $(s, 0)$ と $(s, 1)$ は同一点であるから，これをくっつけると円柱になり，さらに，$(t, 0)$ と $(t, 1)$ も同一点であるから，これもくっつけるとトーラス T になるというわけである．

また，これを次のように考えてもよい．$\boldsymbol{R}^2$ の関係 $(x, y) \sim (x', y')$ を x-座標，y-座標ごとに考えて

$$\boldsymbol{R}^2/\sim \;\cong \boldsymbol{R}/\sim \times \boldsymbol{R}/\sim \;\cong S^1 \times S^1 \text{ (例16.3) } = T$$

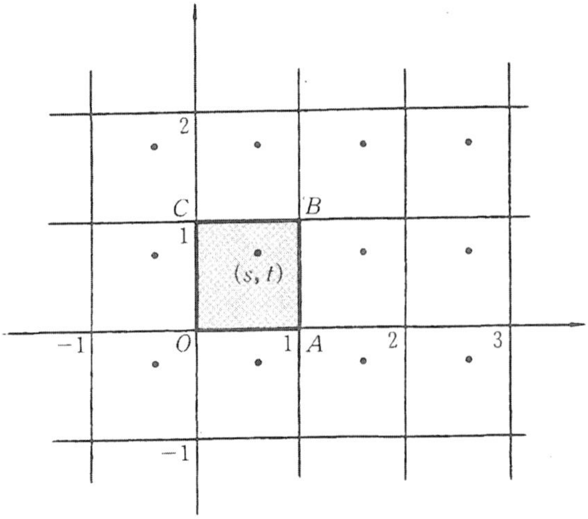

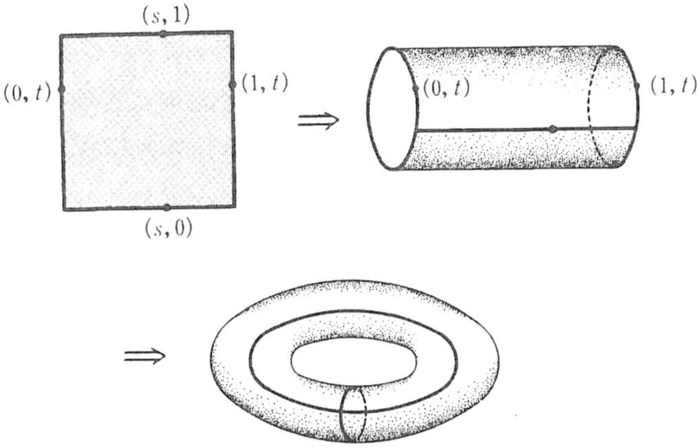

を得る．

例 16.5　正方形板 $I^2=\{(s,t)\in \boldsymbol{R}^2 \mid 0\leqq s\leqq 1, 0\leqq t\leqq 1\}$ において，点 $(0,t)$ と点 $(1,1-t)$，$0\leqq t\leqq 1$ を同一視してできる図形は次頁のような Möbius の帯である．ここで，同一視するということを，この例を用いて厳密に定義しておこう．I^2 において

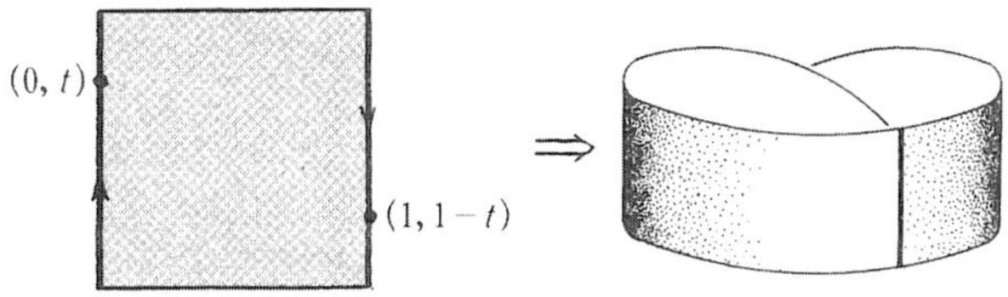

$$(s,t)\sim(s',t') \iff \begin{cases} s=s' \\ t=t' \end{cases} \text{または} \begin{cases} s=0 \\ s'=1 \\ t+t'=1 \end{cases},\ \begin{cases} s=1 \\ s'=0 \\ t+t'=1 \end{cases}$$

と定義すると，～は同値関係を満たす．このとき，$I^2/\sim\cong$Möbius の帯である．（これが Möbius の帯の定義であるかもしれない）．

例 16.6　正方形板 I^2 において，点 $(0,t)$ と点 $(1-t,1)$，$0\leqq t\leqq 1$ および点 $(s,0)$ と点 $(1,1-s)$，$0\leqq s\leqq 1$ をそれぞれ同一視してできる図形は球面 S^2 である．

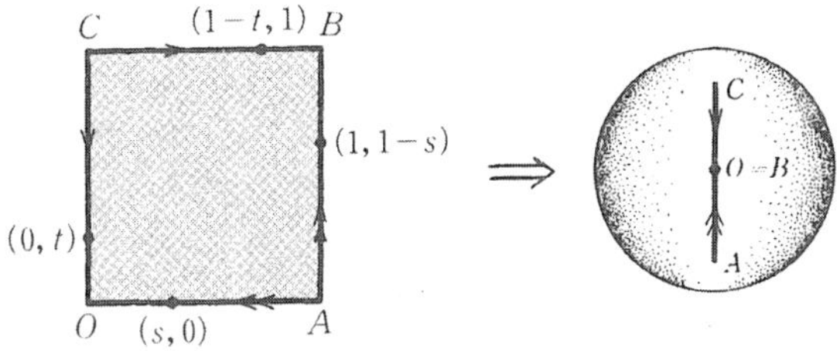

例 16.7　正方形板 I^2 において，点 $(0,t)$ と点 $(1,t)$，$0\leqq t\leqq 1$ および点 $(s,0)$ と点 $(1-s,1)$，$0\leqq s\leqq 1$ をそれぞれ同一視してできる図形を **Klein** の壺という．

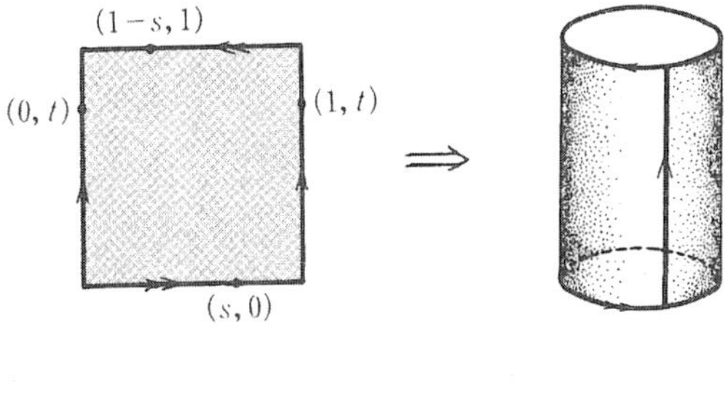

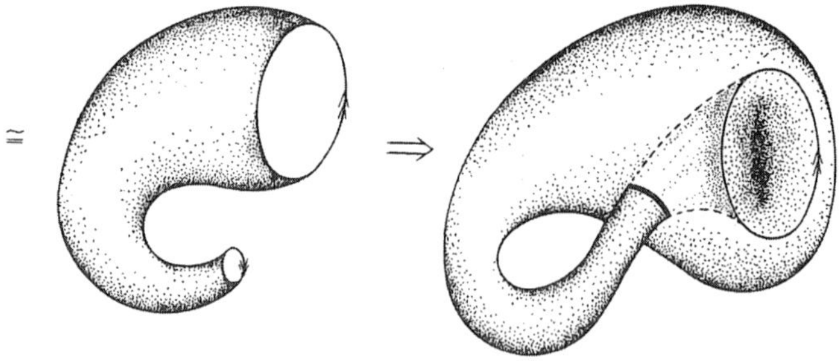

このKleinの壺は，図形が自分自身の壁を貫ぬいているように見えるかもしれないが，そうではなくて，この図形は空間 $\boldsymbol{R}^3$ の中では描けない図形なのである．それを無理に描こうとするからこのようになっているだけである．

例 16.8 正方形板 I^2 において，点 $(0,t)$ と点 $(1,1-t)$，$0\leqq t\leqq 1$ および点 $(s,0)$ と点 $(1-s,1)$ をそれぞれ同一視してできる図形を**実射影平面**という．

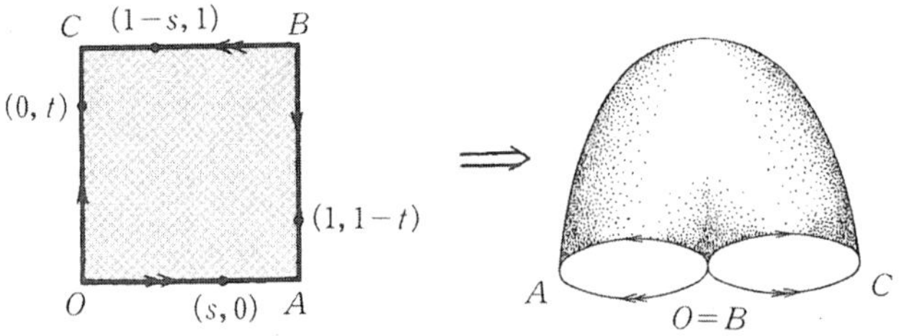

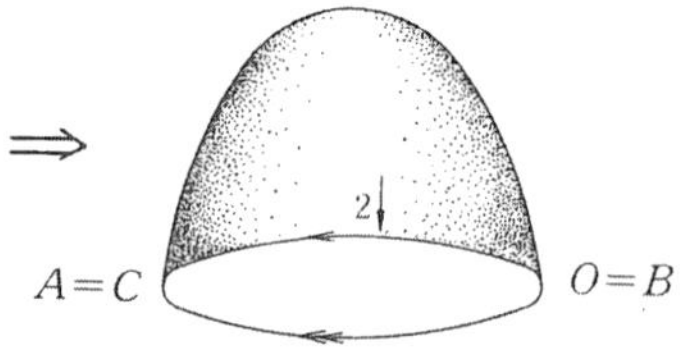

この実射影平面も空間 $\boldsymbol{R}^3$ の中に描けない図形である．これを無理に描こうとしたのでこのような図になってしまった．この実射影平面につい

ては章を改めて詳しく述べることにする．

次の 4 つの例は，図形 X から図形 $X/\sim$ を構成するものではないが，今までに述べて来たことに関係があるのであげておく．

例 16.9　図形 X において

$$x\sim y \iff x \text{ と } y \text{ を結ぶ } X \text{ の道が存在する}$$

と定義すると，$\sim$は同値関係を満たす．このときの等化集合 $X/\sim$ は X の弧状連結成分全体のことである．

例 16.10　$\mathfrak{X}$ を集合のある集まりとする．$\mathfrak{X}$ において

$$X\sim Y \iff X \text{ と } Y \text{ の間に全単射が存在する}$$

と定義すると，$\sim$は同値関係を満たす．この関係$\sim$によって $\mathfrak{X}$ を分類するのが**集合論**である．

例 16.11　$\mathfrak{X}$ を $\boldsymbol{R}^2$ の図形全体の集合とする．$\mathfrak{X}$ において

$$X\sim Y \iff X \text{ と } Y \text{ は合同である}$$

と定義すると，$\sim$は同値関係を満たす．この関係$\sim$によって $\mathfrak{X}$ を分類するのが**平面 Euclid 幾何学**である．

例 16.12　$\mathfrak{X}$ を $\boldsymbol{R}^n$，$n=1,2,\cdots$ の図形全体の集合とする．$\mathfrak{X}$ において

$$X\sim Y \iff X \text{ と } Y \text{ は同相である}$$

と定義すると，$\sim$は同値関係を満たす．この関係$\sim$によって $\mathfrak{X}$ を分類するが**位相幾何学**である．また，$\mathfrak{X}$ において

$$X\sim Y \iff X \text{ と } Y \text{ はホモトピー同値である}$$

と定義すると，$\sim$は同値関係を満たす．この関係によって $\mathfrak{X}$ を分類するのも位相幾何学の大きい分野である．

第17話　実射影空間 $\boldsymbol{R}P^n$

図形があれば，それが何であっても調べようとするのが幾何学を学ぼうとする者の態度であるかもしれないが，図形の中には重要なものとそうでないものがあるようである．もしそうならば，重要なものから調べる方がよい．このような現象は数学の他の分野でもみられる．例えば，解析学では

n 次関数 x^n，　指数関数 e^x

($\sin x$，$\cos x$ は指数関数 e^{ix} のうちにはいる）は特に重要な関数であり，また，群論では

対称群 S_n，　一般線型群 $GL(n, \boldsymbol{R})$

は重要な群であると思われる．さて，幾何学での重要な図形として次の5つをあげたい．

Euclid 空間 $\boldsymbol{R}^n$，球面 S^n，実射影空間 $\boldsymbol{R}P_n$，

実 Grassmann 多様体 $G_{m,n}$，直交群 $\mathrm{O}(n)$

(もし1つに縛れといわれれば，実 Grassmann 多様体 $\mathrm{G}_{m,n}$ としたい)．

I．Euclid 空間 $\boldsymbol{R}^n$

今までの話からも分かるように，重要な図形は Euclid 空間 $\boldsymbol{R}^n$ の部分図形として得られている．実際，可微分多様体はある $\boldsymbol{R}^n$ の部分図形になることが知られている (Whitney)．また，$\boldsymbol{R}^n$ は，その上で解析学や Euclid 幾何学が展開される空間でもある．このように，$\boldsymbol{R}^n$ は最も基本的で重要な空間であるが，一方，$\boldsymbol{R}^n$ は1点に縮まる空間である (例 13.7) ため，最も単純な図形であるともいえる．$\boldsymbol{R}^n$ は位相的には単純であるかもしれないが，すべてで単純であるとはいえない．例えば，$\boldsymbol{R}^n$ を加群とみ

てその表現を調べるのは，$\boldsymbol{R}^n$ が compact でないため極めて難解であり，また，$\boldsymbol{R}^n$ に積を定義して Lie 群の構造の入れ方は無数にあって殆んど分かっていない．

II．球　面　S^n

球面 S^n は丸い形の単純な図形であるため，調べ易い基本的な図形と思える．調べ易いということは暫くおくとして，S^n が基本図形であることをみるために，胞単体 D^n の「ふち」が球面 S^{n-1} であることに注意して，胞複体を思い出そう．胞複体は，ある球面から出発して（次元の低い胞体から順に）胞体の「ふち」をくっつけて構成された図形であった，だから，胞複体の位相構造を知るには，球面 S^{n-1} を図形 X にくっつける写像 $f：S^{n-1} \to X$ が重要であり，それがホモトピー論，ホモロジー論に結びつくのである．特に，球面 S^i から球面 S^n への写像のホモトピーでの分類が重要で，それが球面 S^n のホモトピー群 $\pi_i(S^n)$ の決定であるが，これが，極めて難解であることは既に述べた通りである．

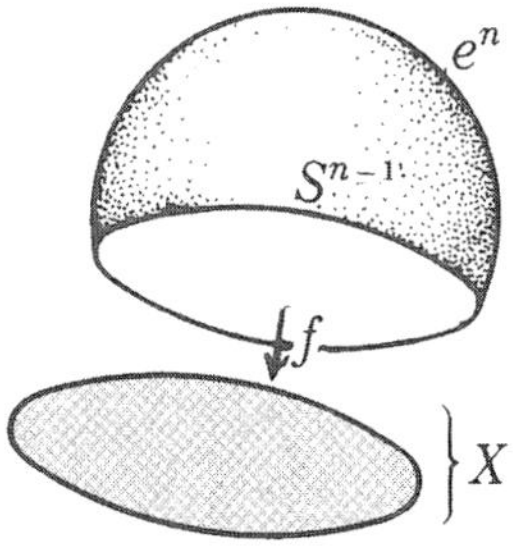

III．実射影空間 RP^n

実射影空間 $\boldsymbol{RP}^n$（以下実を省略する）は位相幾何学で重要な図形であるばかりでなく，その上で射影幾何学が展開される図形でもある．ここでは，$\boldsymbol{RP}^n$ の定義を述べるにとどめ，射影幾何学については次章で取り扱うことにする．さて，射影空間 $\boldsymbol{RP}^n$ の定義を天下り的に3通りの方法で与え，それを順次説明して行くことにする．

次のいずれかで定義される $\boldsymbol{RP}^n$ を(実)**射影空間**という．

定義 1　$\boldsymbol{RP}^n=\{\boldsymbol{R}^{n+1}$ で原点 0 を通る直線の全体$\}$

定義 2　球面 S^n において

$$a\sim b \iff b=a \text{ または } b=-a$$

と定義すると，～ は同値関係を満たすので

$$\boldsymbol{RP}^n=S^n/\sim$$

で定義する．

定義 3　$\boldsymbol{R}^{n+1}-\{0\}$ において

$$a\sim b \iff b=\lambda a \text{ となる } \lambda\in\boldsymbol{R} \text{ が存在する}$$

と定義すると，～ は同値関係を満たすので

$$\boldsymbol{RP}^n=(\boldsymbol{R}^{n+1}-\{0\})/\sim$$

で定義する．

1．射影直線 $\boldsymbol{RP}^1$

X を平面 $\boldsymbol{R}^2$ の直線全体の集合とする．2 本の直線 $l,\ l'$ が平行であるとき(l と l' が一致するときも平行であるということにする)，l と l' は同値である：

$$l\sim l' \iff l /\!/ l'$$

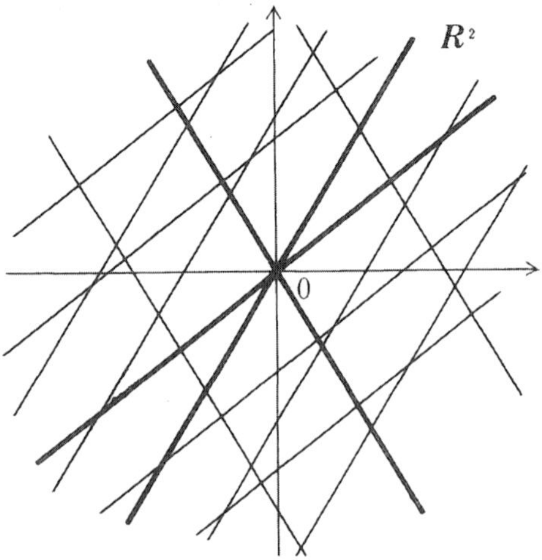

と定義すると，～ は同値関係をみたす．この等化図形

$$\boldsymbol{R}P^1 = X/\sim$$

を**射影直線**という．$X/\sim$ では，平行な直線全体を1つの元と思うのであるが，この平行直線の中に原点0を通る直線が丁度1本含まれているので，その1本を残すことにする．この操作を各平行直線に対して行うと

$$\boldsymbol{R}P^1 = X/\sim = \{\boldsymbol{R}^2 \text{ で原点 0 を通る直線の全体}\}$$

となる（定義1）．（原点を通る2本の直線は平行でないことに注意）．

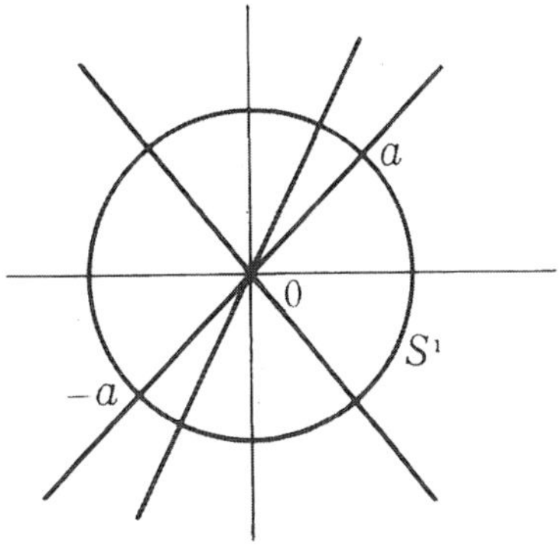

原点0を通る直線は，半径1の円 S^1 と2点 $a=(a_1, a_2)$，$-a=(-a_1, -a_2)$ で交わる．逆に，円 S^1 上の向い合った2点 a，$-a$ を与えると，その2点を結ぶことにより原点0を通る直線が1本定まる．したがって，$\boldsymbol{R}P^1$ は S^1 の向い合った2点を同一視した図形，すなわち

$$\boldsymbol{R}P^1 = S^1/\sim$$

となる（定義2）．

原点0を通る直線 l の方程式は

$$\frac{x}{a_1} = \frac{y}{a_2}$$

で表され，この (a_1, a_2) を直線 l の**傾き**という．この直線は

$$\frac{x}{\lambda a_1} = \frac{y}{\lambda a_2}$$

とも表されるので，傾きは $(\lambda a_1, \lambda a_2)$ としてもよい．すなわち，直線の傾きを考えるときには，(a_1, a_2) と $(\lambda a_1, \lambda a_2)$ を同一視しなければならない．よって，$\boldsymbol{R}P^1$ は $\boldsymbol{R}^2$ の直線の傾き全体とみなすことができて

$$\boldsymbol{R}P^1 = (\boldsymbol{R}^2 - \{0\})/\sim$$

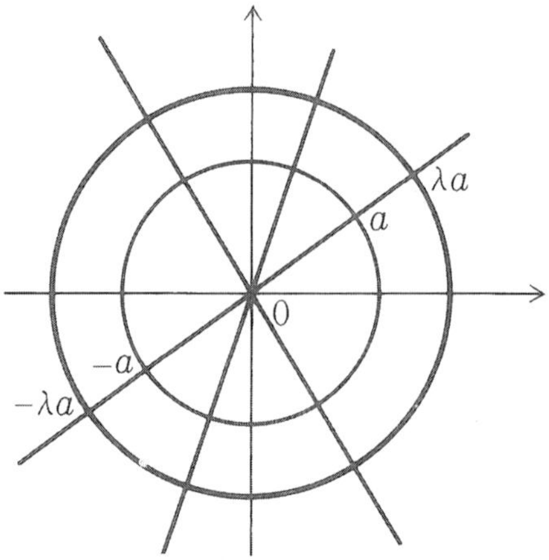

となる（定義 3）．$\boldsymbol{R}P^1$ では $[a_1, a_2]=[\lambda a_1, \lambda a_2]$ であるが，これを比の形 $a_1 : a_2$ で表すことも多い．

$\boldsymbol{R}P^1$ の位相構造を調べよう．定義 $\boldsymbol{R}P^1=S^1/\sim$ によると，$\boldsymbol{R}P^1$ は円 S^1 の向い合った 2 点 a，$-a$ を同一視した図形であるから，右半円でよいことになる．さらに，この半円の両端の 2 点も同一視しなければならない

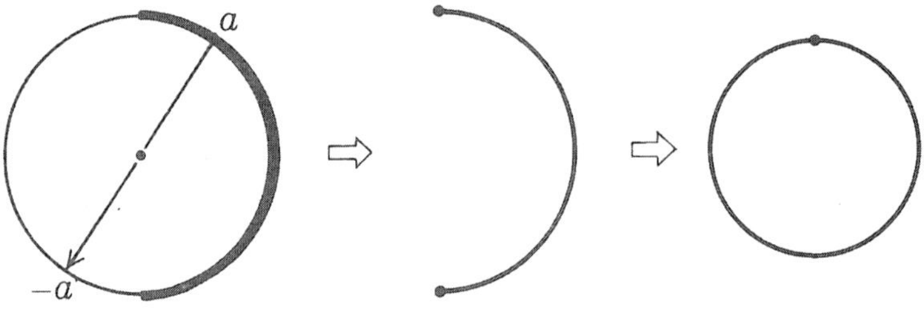

ので，くっつけると円 S^1 になる．よって，$\boldsymbol{R}P^1$ は S^1 に同相である：

$$\boldsymbol{R}P^1 \cong S^1$$

上記の記述からも分かるように，$\boldsymbol{R}P^1$ は胞体分割

$$\boldsymbol{R}P^1 = e^0 \cup e^1$$

をもつことが分かる（例 11.2 参照）．したがって，例 11.2 の考察をすると

$$\boldsymbol{R}P^1 = \boldsymbol{R} \cup \infty$$

の表示も可能になる．

2．射影平面 $\boldsymbol{R}P^2$

X を空間 $\boldsymbol{R}^3$ の直線全体の集合とする．$l, l' \in X$ に対して

$$l \sim l' \iff l \,/\!/\, l'$$

と定義すると，$\sim$ は同値関係を満たす．この等化図形

$$\boldsymbol{R}P^2 = X/\sim$$

を**射影平面**という．射影直線 $\boldsymbol{R}P^1$ のときと同様にすると

$$\boldsymbol{R}P^2 = X/\sim = \{\boldsymbol{R}^3 \text{ で原点 } 0 \text{ を通る直線の全体}\}$$

となる(定義 1)．原点 0 を通る直線は半径 1 の球面 S^2 と 2 点 a，$-a$ で交わる．したがって，$\boldsymbol{R}P^2$ は S^2 の向い合った 2 点を同一視した図形，すなわち

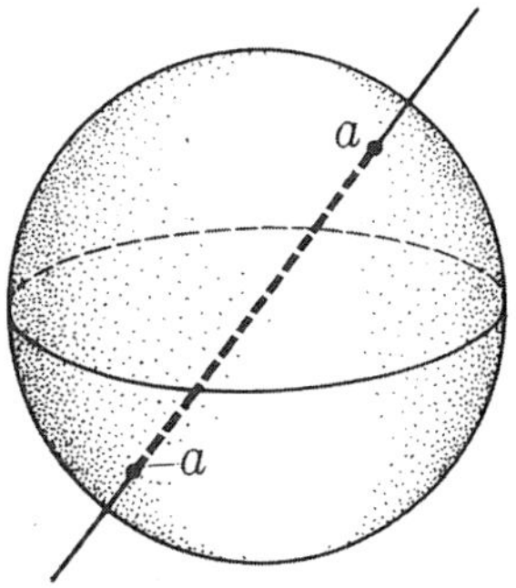

$$\boldsymbol{R}P^2 = S^2/\sim$$

となる (定義 2)．原点 0 を通る直線 l は

$$\frac{x}{a_1} = \frac{y}{a_2} = \frac{z}{a_3}$$

で表され，この (a_1, a_2, a_3) を l の**傾き**という．この直線は

$$\frac{x}{\lambda a_1} = \frac{y}{\lambda a_2} = \frac{z}{\lambda a_3}$$

とも表されるので，傾きは (a_1, a_2, a_3) と $(\lambda a_1, \lambda a_2, \lambda a_3)$ を同一視しなければならない．よって，$\boldsymbol{R}P^2$ は $\boldsymbol{R}^3$ の直線の傾き全体とみなすことができて

$$\boldsymbol{R}P^2 = (\boldsymbol{R}^3 - \{0\})/\sim$$

となる(定義 3)．$\boldsymbol{R}P^2$ では $[a_1, a_2, a_3] = [\lambda a_1, \lambda a_2, \lambda a_3]$ であるが，これを

比の形 $a_1 : a_2 : a_3$ で表すことも多い．

$\boldsymbol{R}P^2$ の位相構造を調べよう．定義 $\boldsymbol{R}P^2 = S^2/\sim$ によると，$\boldsymbol{R}P^2$ は球面 S^2 の向い合った 2 点 a，$-a$ を同一視した図形であるから，球面の下半分を上半分にくっつけて半球面をつくる．そのとき生じた「ふち」の円

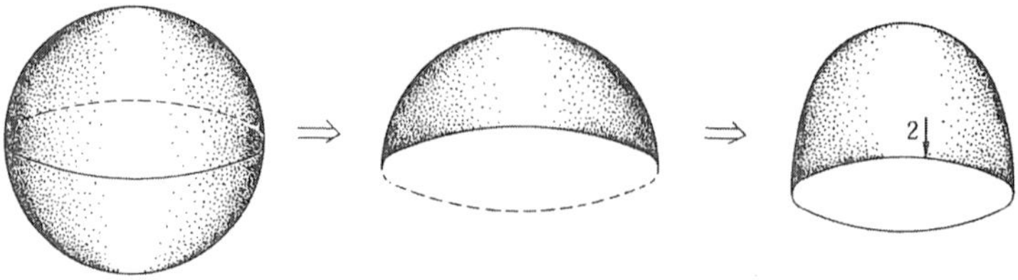

の半分は，向いの円の半分と同一視するから，円の半分は不要である．さらに，「ふち」の半円の両端をくっつけた図形が射影平面である．上述から，射影平面 $\boldsymbol{R}P^2$ は，射影直線 $\boldsymbol{R}P^1 \cong S^1$ に 2 次元胞体 e^2 がその「ふち」S^1 に 2 重に捲きつくように接着した図形であることが分る．以上より，$\boldsymbol{R}P^2$ は胞体分割

$$\boldsymbol{R}P^2 = e^0 \cup e^1 \cup e^2$$

をもつことが分かった．これより，$\boldsymbol{R}P^2$ の Euler 数は

$$\chi(\boldsymbol{R}P^2) = 1 - 1 + 1 = 1$$

と計算される．

胞体分割 $\boldsymbol{R}P^2 = e^0 \cup e^1 \cup e^2$ において，$e^1 \cong \boldsymbol{R}$ (例 7.5)，$e^2 \cong \boldsymbol{R}^2$ (例 7.11) であるから，e^0 を ∞ と書くことにすると

$$\boldsymbol{R}P^2 = \boldsymbol{R}^2 \cup \boldsymbol{R} \cup \infty$$

と表すことができる．この事実を次のような視点から眺めてみよう．$\boldsymbol{R}P^2$ の点を次の 3 種に分ける．

(1)　$[a_1, a_2, a_3]$，$a_1 \neq 0$

(2)　$[0, a_2, a_3]$，$a_2 \neq 0$

(3)　$[0, 0, a_3]$，$a_3 \neq 0$

(1)の形の点は $[1, a_1^{-1}a_2, a_1^{-1}a_3]$ に等しいから，このような点の全体は $\{(x, y) \mid x, y \in \boldsymbol{R}\} = \boldsymbol{R}^2$ とみなせる．(2)の形の点は $[0, 1, a_2^{-1}a_3]$ に等しいから，このような点の全体は $\{x \mid x \in \boldsymbol{R}\} = \boldsymbol{R}$ とみなせる．最後に，$[0, 0, a_3] = [0, 0, 1]$ であるが，この点を ∞ と書くことにする．これは上記の $\boldsymbol{R}P^2 = \boldsymbol{R}^2 \cup \boldsymbol{R}^1 \cup \infty$ に対応している，このような考察は，次章の射影幾何学で用いられるであろう．

$\boldsymbol{RP}^1-\{\infty\}\cong\boldsymbol{R}$ に対比して，射影平面 $\boldsymbol{RP}^2$ から 1 点 ∞ を除いた図形を考えよう．答は

$$\boldsymbol{RP}^2-\{\infty\}\cong \text{「ふち」のない Möbius の帯}$$

となる．これを次のようにして理解しよう．射影平面 $\boldsymbol{RP}^2$ は球面 S^2 の向い合った 2 点を同一視したものであるから，$\boldsymbol{RP}^2-\{\infty\}$ は，球面 S^2 から 2 点を除いた図形（これは「ふち」のない円柱面である）の向い合った 2 点を同一視した図形である．だから，「ふち」なし円柱面の半分を残りの半分にくっつけて，半分の「ふち」なし円柱面を作り，生じた辺を斜めにくっつけると「ふち」なし Möbius の帯ができる．以上のことを逆にみると，射影平面 $\boldsymbol{RP}^2$ は Möbius の帯 M の「ふち」（これは円 S^1 と同相である）を 1 点に縮めた図形である：

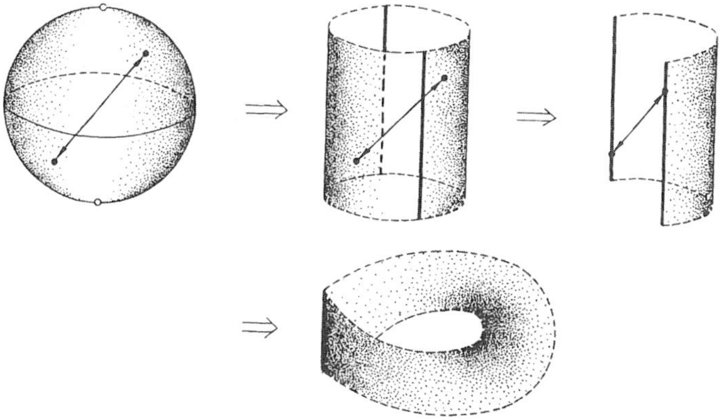

$$\boldsymbol{RP}^2\cong(\text{Möbius の帯})/(\text{「ふち」の円 } S^1)$$

ことが分かる．

Möbius の帯 M が方向付け不可能な図形であった（例 15.2）ことが原因して，射影平面 $\boldsymbol{RP}^2$ も方向付け不可能な図形であることが知られる．この事実は，下図のように $\boldsymbol{RP}^2$ を 3 角形分割しても示される．すなわち，各 3 角形に向きをつけて行くと，ある 3 角形で向きが逆になってしまう．この 3 角形分割を用いても，$\boldsymbol{RP}^2$ の Euler 数が計算される．

$$\chi(\boldsymbol{RP}^2)=6-15+10=1$$

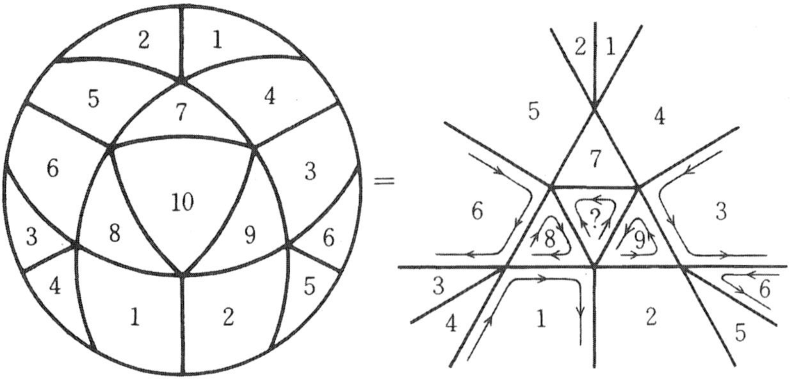

IV　Grassmann 多様体 $G_{n,m}$ と直交群 $O(n)$ については，極く簡単にではあるが，節を改めて説明することにする．

第18話 Grassmann 多様体

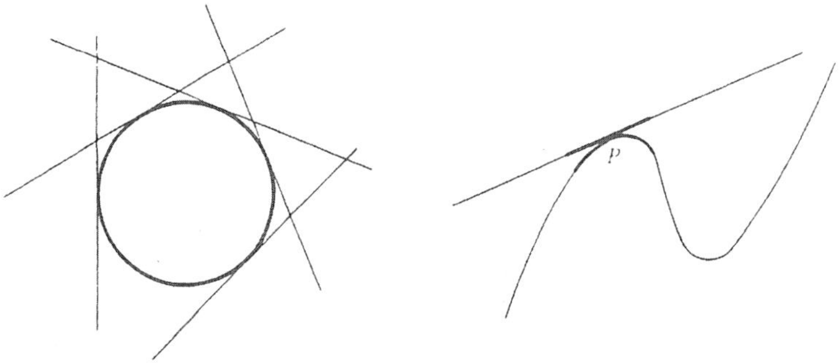

平面 $\boldsymbol{R}^2$ 上に曲線 C があったとする．この曲線を調べるとき，接線を引いて考察するのは極く自然のことである．これは，曲っている図形を分かり易い直線に置き替えて調べるという数学の法に従っている．曲線と接線の関係で大切なことは，接点 P の近くでは，曲線と接線の様子が似ているということである．だから，曲線上の点 P の近くの状態を点 P の近くの接線に置き替えて調べればよいわけで，この方法は微積分学でもよく用いられている．点 P の近くの局所的な性質を調べるにはこれで十分かもしれないが，曲線全体を調べるには各点に接線を引く必要がおこる．

さて，曲線 C の点 P に接線 l_P を引き，$\boldsymbol{R}^2$ の原点 0 を通り l_P に平行な直線を引く．この操作を C 上の各点に対して行うと，曲線 C から射影平面 $\boldsymbol{RP}^1$ への写像

$$g : C \to \boldsymbol{RP}^1$$

を得る．この写像 g を **Gauss 写像**という．写像 g を調べると，曲線 C の

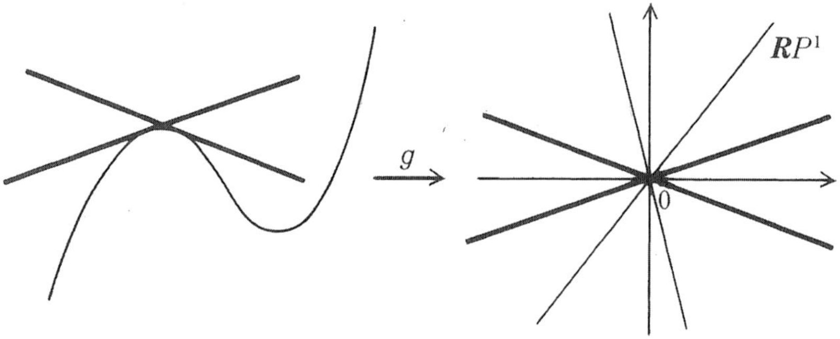

曲り具合いが分かるというわけである．以上のことから，射影直線 $\boldsymbol{R}P^1$ は平面 $\boldsymbol{R}^2$ の曲線に対して普遍的な図形であるといえる．

空間 $\boldsymbol{R}^3$ の曲線 C に対しても同じ状態にある．曲線 C の各点 P の接線 l_p に平行に，$\boldsymbol{R}^3$ の原点 0 を通る直線を引くことにより，曲線 C から射影平面 $\boldsymbol{R}P^2$ への **Gauss 写像**

$$g : C \to \boldsymbol{R}P^2$$

が定義される．

上記の話を曲面 S で考察してみよう．曲面 S 上の点 P の近くの様子を調べるために「接平面」を用いる．点 P における**接平面** T_p とは，点 P を通る S 上の曲線の接線ベクトル全体のつくる平面のことである．さて

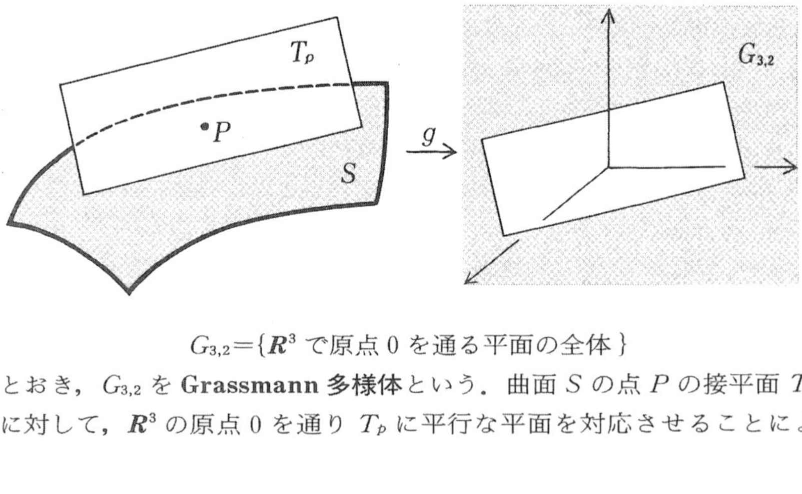

$$G_{3,2}=\{\boldsymbol{R}^3 \text{ で原点 0 を通る平面の全体}\}$$

とおき，$G_{3,2}$ を **Grassmann 多様体**という．曲面 S の点 P の接平面 T_p に対して，$\boldsymbol{R}^3$ の原点 0 を通り T_p に平行な平面を対応させることによ

り，**Gauss 写像**

$$g : S \to G_{3,2}$$

が定義される．曲面 S を調べるのに，Grassmann 多様体 $G_{3,2}$ と Gauss 写像 g を用いようというわけである．ともあれ，$\boldsymbol{R}^3$ 内の曲面 S を調べるには，先ず Grassmann 多様体 $G_{3,2}$ を調べよということになる．

一般に，$m>n$ とし

$$G_{m,n}=\{\boldsymbol{R}^m \text{ の } n \text{ 次元部分ベクトル空間の全体}\}$$

を **Grassmann 多様体**という．これは位相幾何学，微分幾何学で重要視される図形である．詳細を知りたい方は J.W. Milnor-J.D. Stasheff, Characteristic Classes, Ann. Math. Stadies 76, Princeton Univ. Press 1974 を参照して下さい．

第19話　Lie 群と直交群

Lie 群について，極く初歩的なことをお話しする．群については既知であろうが，一応定義を書いておく．

定義　集合 G の任意の 2 つの元 a, b に対して積 $ab \in G$ が定義され，次の 3 つの条件

(1)　$a(bc)=(ab)c$

(2)　G に 1 と書く特別な元が存在し，任意の $a \in G$ に対し $1a=a1=a$ が成り立つ

(3)　任意の $a \in G$ に対し元 $a^{-1} \in G$ が存在し，$a^{-1}a=aa^{-1}=1$ が成り立つ

を満たすとき，G は**群**であるという．また，G の部分集合 H が G の積に関して群になっているとき，H は G の**部分群**であるという．

定義　図形 G が群であり，さらに写像

$$\mu : G \times G \to G, \qquad \mu(a, b)=a^{-1}b$$

が連続であるとき，G は**位相群**であるという．

さらに，未定義の用語 (可微分多様体，可微分写像) があるが，Lie 群の定義も書いておく．

定義　可微分多様体 G が群であり，さらに写像

$$\mu : G \times G \to G, \qquad \mu(a, b)=a^{-1}b$$

が可微分であるとき，G は **Lie 群**であるという．

Lie 群について次の定理が成り立つ．

定理 19.1 (Cartan-Iwasawa-Mostow)　G を有限個の弧状連結

成分をもつ Lie 群とすると，G の compact な部分群 K が存在し，G は K とある Euclid 空間 $\boldsymbol{R}^n$ の直積に同相になる：

$$G \cong K \times \boldsymbol{R}^m$$

証明は容易でない．(K. Iwasawa, On some type of topological groups, Ann Math. 50 (1949))．

定理 19.1 の分解 $G \cong K \times \boldsymbol{R}^n$ を Lie 群 G の**極分解**または **Cartan 分解**という．さて，Euclid 空間 $\boldsymbol{R}^m$ は 1 点にホモトピー同値である(例 13.7) であるから

$$G \cong K \times \boldsymbol{R}^m \sim K$$

となる(命題 13.8)．すなわち，Lie 群 G は常に compact Lie 群 K にホモトピー同値になることを示している．したがって，Lie 群の位相を調べるには，compact Lie 群 K に限って考察すれば(ホモトピー同値の意味で)十分であるということになる．そして，compact Lie 群 K は分類されており，その性質についていろいろと詳しく調べられている．

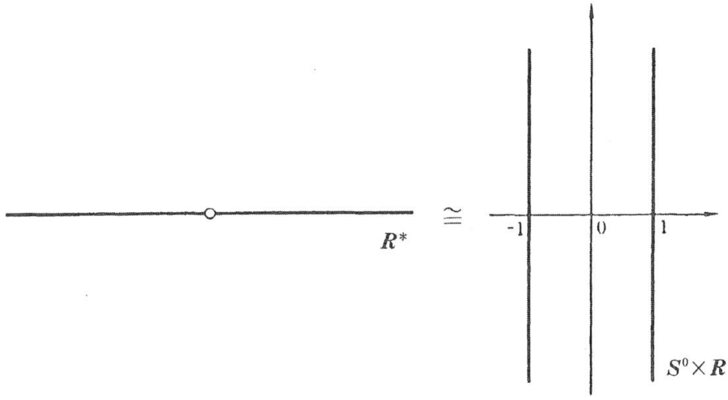

例 19.2　0 を除いた実数全体の集合 $\boldsymbol{R}^* = \boldsymbol{R} - \{0\}$ は積 $ab \in \boldsymbol{R}^*$ に関して位相群(さらに Lie 群)になる．$S^0 = \{-1, 1\}$ は $\boldsymbol{R}^*$ の compact な部分群であり，$\boldsymbol{R}^*$ の極分解は

$$\boldsymbol{R}^* \cong S^0 \times \boldsymbol{R}$$

で与えられる (例 7.12)．したがって，Lie 群 $\boldsymbol{R}^*$ は compact Lie 群 S^0 にホモトピー同値である：

$$\boldsymbol{R}^* \sim S^0$$

例 19.3　0 を除いた複素数全体の集合 $\boldsymbol{C}^*=\boldsymbol{C}-\{0\}$ は積 $ab\in\boldsymbol{C}^*$ に関して位相群（さらに Lie 群）になる．$S^1=\{z\in\boldsymbol{C}\mid |z|=1\}=\{e^{i\theta}=\cos\theta+i\sin\theta\mid\theta\in\boldsymbol{R}\}$ は $\boldsymbol{C}^*$ の compact（例 4.3）な部分群であり，$\boldsymbol{C}^*$ の極分解は

$$\boldsymbol{C}^*\cong S^1\times\boldsymbol{R}$$

で与えられる（例 7.12）．したがって，Lie 群 $\boldsymbol{C}^*$ は compact Lie 群 S^1 にホモトピー同値である：

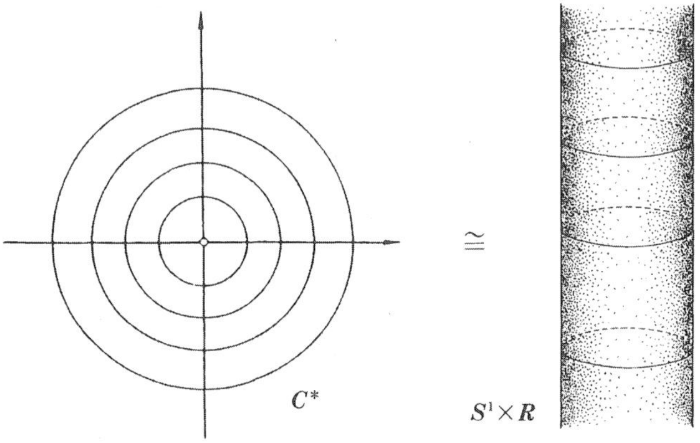

$$\boldsymbol{C}^*\sim S^1$$

compact Lie 群はいろいろある中で，ここでは直交群 $O(n)$ をその代表としてあげておく．$M(n,\boldsymbol{R})$ は n 次の実行列全体であり，行列 $A\in M(n,\boldsymbol{R})$ に対し，${}^tA$ は A の転置行列を表し，E は単位行列である．

定義　$O(n)=\{A\in M(n,\boldsymbol{R})\mid {}^tAA=E\}$
は行列の積に関して位相群（さらに Lie 群）になる．この群を**直交群**という．

例 19.4　$O(1)=\{a\in\boldsymbol{R}\mid a^2=1\}=\{-1,1\}=S^0$ である．

例 19.5　直交群 $O(2)$ を調べよう．行列 $A=\begin{pmatrix}a & b\\ c & d\end{pmatrix}$ が $A\in O(2)$ ならば，${}^tAA=E$ を満たすから

$$\begin{pmatrix} a & c \\ b & d \end{pmatrix}\begin{pmatrix} a & b \\ c & d \end{pmatrix}=\begin{pmatrix} 1 & 0 \\ 0 & 1 \end{pmatrix}$$

$$\begin{pmatrix} a^2+c^2 & ab+cd \\ ba+dc & b^2+d^2 \end{pmatrix}=\begin{pmatrix} 1 & 0 \\ 0 & 1 \end{pmatrix}$$

となる．したがって

$$a^2+c^2=1,\quad b^2+d^2=1,\quad ab+cd=0$$

が成り立つ．初めの 2 つの式から

$$a=\cos\theta,\quad c=\sin\theta\ ;\ b=\cos\varphi,\quad d=\sin\varphi$$

とおき，これらを第 3 の式に代入すると

$$\cos\theta\cos\varphi+\sin\theta\sin\varphi=0$$

$$\cos(\theta-\varphi)=0$$

を得る．これより $\varphi=\theta+\dfrac{\pi}{2}\ (\mathrm{mod}\ 2\pi)$ または $\varphi=\theta-\dfrac{\pi}{2}\ (\mathrm{mod}\ 2\pi)$ となり

$$b=\sin\theta,\quad d=\cos\theta\ ;\ a=\sin\theta,\quad d=-\sin\theta$$

を得る．よって，A は

$$A_1=\begin{pmatrix} \cos\theta & -\sin\theta \\ \sin\theta & \cos\theta \end{pmatrix}$$

$$A_2=\begin{pmatrix} \cos\theta & \sin\theta \\ \sin\theta & -\cos\theta \end{pmatrix}=\begin{pmatrix} \cos\theta & -\sin\theta \\ \sin\theta & \cos\theta \end{pmatrix}\begin{pmatrix} 1 & 0 \\ 0 & -1 \end{pmatrix}$$

のいずれかになる．A_1 の行列式は 1：$\det A_1=1$ であり，A_2 の行列式は -1：$\det A_2=-1$ である．逆にこのような A_1，A_2 は $O(2)$ に属するので，結局，$O(2)$ は A_1，A_2 の形の行列全体からなる群であることが分かった．

$$SO(2)=\{A\in O(2)\mid \det A=1\}$$

とおくと，$SO(2)$ は $O(2)$ の部分群である．この群 $SO(2)$ を**回転群**という．上述は

$$O(2)=SO(2)\cup SO(2)\begin{pmatrix} 1 & 0 \\ 0 & -1 \end{pmatrix}$$

に分解されることを示している．写像 f：$SO(2)\to S^1=\{\cos\theta+i\sin\theta\,|\,\theta\in\boldsymbol{R}\}$ を

$$f\begin{pmatrix} \cos\theta & -\sin\theta \\ \sin\theta & \cos\theta \end{pmatrix}=\cos\theta+i\sin\theta$$

と定義すると，f は同相写像であるから

$$SO(2) \cong S^1$$

である．また，$SO(2)\begin{pmatrix}1 & 0\\0 & -1\end{pmatrix} \cong S^1$ であるから，同相

$$O(2) \cong S^0 \times S^1$$

を得たことになる（例 3.3）．以上の結果を定理にまとめておく．

定理 19.6　回転群 $SO(2)$ は compact な弧状連結群である．直交群 $O(2)$ は compact 群であるが弧状連結ではなく，2 つの弧状連結成分をもっている．

一般の回転群 $SO(n)$，直交群 $O(n)$ の詳細を知りたい方は拙書

「群と位相」，「群と表現」，裳華房；

「多様体とモース理論」，現代数学社

を参照して下さい．

II　射影幾何学の話

第20話　平面射影幾何

射影幾何学は，既に17世紀初めにDesargues，Pascalにより射影，切断の考え方が生れていたが，19世紀になってPonceletにより大きく進歩し，以後Möbius，Plücker，Steiner，Staudt等により完成された．そして，それがEuclid幾何学をはじめ，Gauss-Bolyai-Lobačevskiĭの双曲線型非Euclid幾何学，Riemannの楕円型非Euclid幾何学を包含するということで，19世紀には

射影幾何学はすべての幾何学である

と言われた程である．(しかし，実際はそうではなくて，Gaussの曲面論(Gauss-Bonnetの定理)，Riemannの幾何学(Riemann空間)等微分幾何学が立派に誕生していたのであるが)．

平面射影幾何学とは，「点」「直線」を定義し，射影と切断の操作により図形を調べる幾何学である．Klein流にいえば

射影幾何学とは射影変換により不変な性質を調べる幾何学である

といえよう．まず，平面射影幾何の定義から始めよう．

定義　**平面射影幾何** P とは，次の4つの公理を満たす3つの組 $P=\{P, L, (\ ,\ )\}$ のことである．ここに，P，L は集合であり，P の元 a を**点**といい，L の元 l を**直線**という．直線 $l\in L$ と点 $a\in P$ に対し

$$(l, a)=0 \quad \text{または} \quad (l, a)\neq 0$$

のいずれかが成り立つ．((l, a) を l，a の **incidence** という)．$(l, a)=0$ のとき直線 l は点 a を通る（または点 a は直線 l 上にある）といい，$(l, a)\neq 0$ のとき直線 l は点 a を通らない(または点 a は直線 l 上にない）という．

公理1　相異なる2点 a，b に対し，a，b を通る直線 l が唯1つ

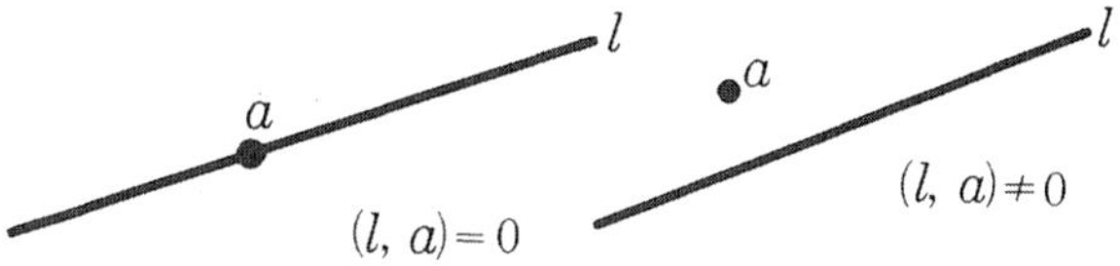

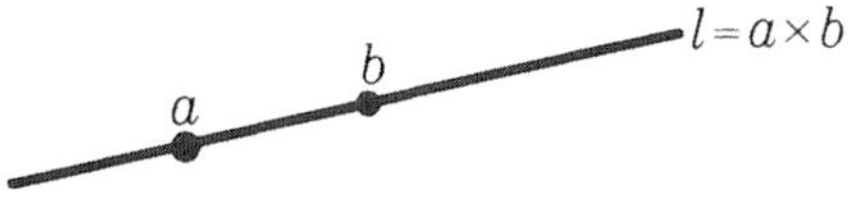

存在する．(l を $a\times b$ で表す)．

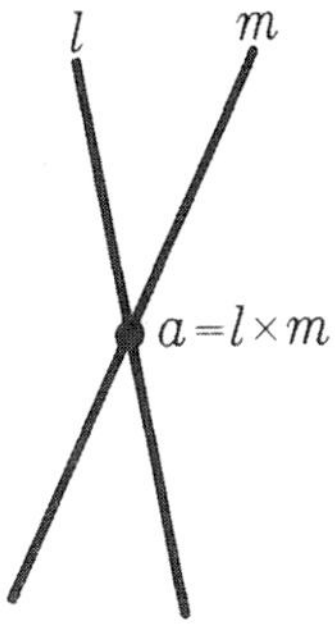

公理 2　相異なる 2 直線 l, m に対し，l, m の交点 a が唯 1 つ存在する．(a を$l\times m$ で表す)．

公理 3　どの 3 点も 1 直線上にない 4 点が存在する．(このような 4 点を**独立な 4 点**という)．

Desargues の公理 4　1 点 s を通る異なる 3 本の直線 l, m, n 上に点 a, a'；b, b'；c, c' をとり，直線 $a\times b$ と $a'\times b'$ の交点を p, 直線 $b\times c$ と $b'\times c'$ の交点を q, $c\times a$ と $c'\times a'$ の交点を r とする．このとき，p, q, r は一直線上にある．

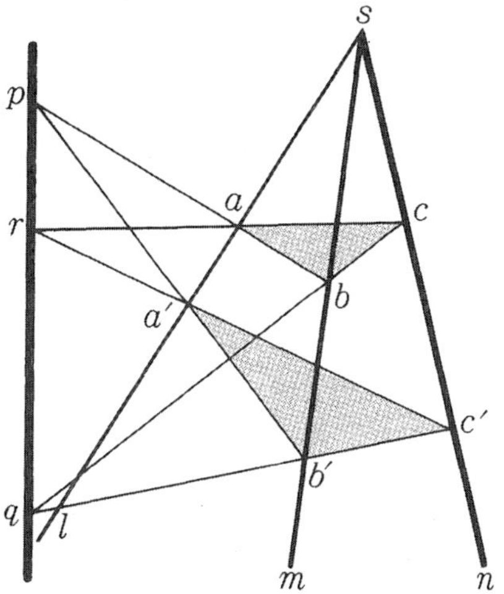

注意　平面射影幾何 $P=\{P, L, (\ ,\ )\}$ において，直線 l は集合 L の元のことであったが，直線 l 上にある点全体を考え，これを l と同一視することが多い：

$$l=\{l \text{ 上にある点全体}\}$$

こうすれば，直線は点の集まりということになり，直観的に見やすくなるであろう．

平面射影幾何学の美しさの1つに次の相対性がある．

> **定理 20.1（相対性）**　平面射影幾何 P で成り立つ命題があれば，その命題にある点と直線をいれかえた命題も成り立つ．

証明　公理1と公理2は相対的である．公理3において，独立な4点を結ぶ6本の直線の中に，独立な4本の直線がある．Desargues の公理4の相対は次のようである．

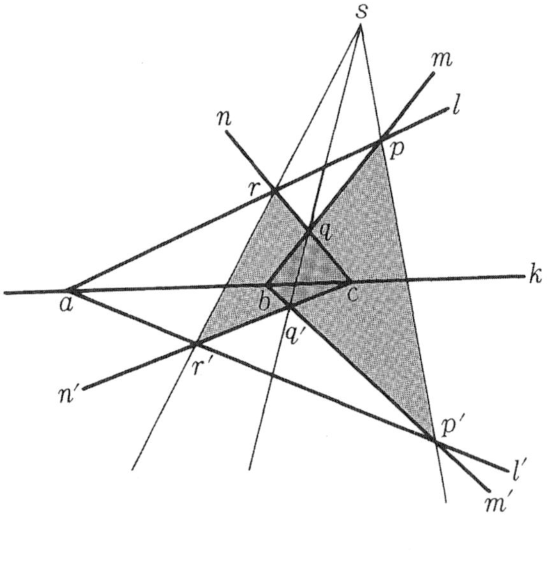

1つの直線 k 上にある異なる3点 a, b, c をそれぞれを通る2本の直線 l, l'；m, m'；n, n' をとり，$l\times m=p$, $l'\times m'=p'$；$m\times n=r$, $m'\times n'=r'$；$n\times l=q$, $n'\times l'=q'$ とする．このとき，3つの直線 $p\times p'$, $q\times q'$, $r\times r'$ は1点 s で交わる．

実際，３角形 pbp'，rcr' に Desargues の公理 4 を用いると，３点 q，q'，s は一直線上にある．これは直線 $p\times p'$，$q\times q'$，$r\times r'$ が１点 s で交わることを示している．

これからの目的は，幾何学と代数学を結ぶ次の定理 20.6 を示すことにある．(その目的は第21話〜第24話で達せられる)，以下，定理 20.6 に必要な用語と定義を与える．

定義　集合 K の任意の２つの元 a，b に対し，和 $a+b\in K$，積 $ab\in K$ が定義されて，次の９つの条件

(1)　$a+b=b+a$

(2)　$a+(b+c)=(a+b)+c$

(3)　K に 0 と書く特別な元が存在し，任意の $a\in K$ に対し，$a+0=a$ が成り立つ

(4)　任意の $a\in K$ に対し，元 $-a\in K$ が存在し，$a+(-a)=0$ が成り立つ

(5)　$a(bc)=(ab)c$

(6)　$a(b+c)=ab+ac$，$(b+c)a=ba+ca$

(7)　K に 1 と書く特別の元が存在し，任意の $a\in K$ に対し，$1a=a1=a$ が成り立つ

(8)　任意の元 $a\in K$，$a\neq 0$ に対し，元 $a^{-1}\in K$ が存在し，$a^{-1}a=aa^{-1}=1$ が成り立つ

(9)　$0\neq 1$

を満たすとき，K は**体**であるという．体 K が，さらに

(10)　$ab=ba$

を満たすとき，K は**可換体**であるという．

例 20.2　$\boldsymbol{Z}_2=\{0,1\}$ は，和 $0+0=0$，$0+1=1+0=1$，$1+1=0$，積 $0\cdot 0=0$，$0\cdot 1=1\cdot 0=0$，$1\cdot 1=1$ に関して可換体である．

例 20.3　実数全体 $\boldsymbol{R}$ は，普通の和，積に関して可換体である．$\boldsymbol{R}$ を**実数体**という．

例 20.4　複素数全体 $\boldsymbol{C}=\{a+bi \mid a, b\in \boldsymbol{R}\}$，$i^2=-1$ は可換体である．$\boldsymbol{C}$ を**複素数体**という．

例 20.5　4 元数全体 $\boldsymbol{H}=\{a+bi+cj+dk \mid a, b, c, d \in \boldsymbol{R}\}$, $i^2=j^2=k^2=-1$, $ij=-ji=k$, $jk=-kj=i$, $ki=-ik=j$ は体である．$\boldsymbol{H}$ を 4 元数体という．$\boldsymbol{H}$ は可換体でない．

定義　$P=\{P, L, (\ ,\ )\}$, $P'=\{P', L', (\ ,\ )'\}$ を平面射影幾何とする．全単射 $f: P \to P'$, $g: L \to L'$ が

$$(l, a)=0 \iff (g(l), f(a))'=0$$

を満たすとき，(f, g)（略して f）は**平面射影幾何同型対応**であるという．2 つの平面射影幾何 P, P' の間に平面射影幾何同型対応 $f: P \to P'$ が存在するとき，P, P' は**平面射影幾何として同型**であるといい，記号 $P \cong P'$ で表す．

定義　K, K' を体とする．全単射 $f: K \to K'$ が

$$f(a+b)=f(a)+f(b), \quad f(ab)=f(a)f(b)$$

を満すとき，f は**体同型写像**であるという．2 つの体 K, K' の間に体同型写像 $f: K \to K'$ が存在するとき，K, K' は**体として同型**であるといい，記号 $K \cong K'$ で表わす．

定理 20.6　体の同型類全体 $\{K\}/\sim$ と平面射影幾何の同型類全体 $\{P\}/\sim$ の間には全単射

$$\{K\}/\sim \ \underset{\psi}{\overset{\varphi}{\rightleftarrows}} \ \{P\}/\sim$$

が存在する．

この定理の意味は次のようである．体 K から（第21話で述べる方法 φ で）平面射影幾何 KP をつくり，さらにこの平面射影幾何 KP から（第23話で述べる方法 ψ で）体 K' をつくると，K と K' は体として同型である：$K \cong K'$．逆に，平面射影幾何 P から（ψ の方法で）体 K をつくり，この体 K から（φ の方法で）平面射影幾何 KP をつくると，P と KP は平面射影幾何として同型である：$P \cong KP$．

第21話　体 K から平面射影幾何 KP の構成

体 K から平面射影幾何 KP を次の2つの方法で構成しよう．この2つの方法は本質的には同じであるかもしれないが，一長一短があるので2つとも書くことにする．以下の話では，K の可換性 $ab=ba$ を必要としないことに注意しよう．

定理 21.1（方法 I）　集合 $K^3-\{0\}=\left\{\begin{pmatrix}a_1\\a_2\\a_3\end{pmatrix}\neq 0 \;\middle|\; a_i\in K\right\}$ において

$$a\sim b \iff b=a\lambda \text{ となる } \lambda\in K \text{ が存在する}$$

と定義すると，$\sim$ は同値関係を満たすので

$$KP^2=(K^3-\{0\})/\sim$$

とおく．$\begin{pmatrix}a_1\\a_2\\a_3\end{pmatrix}$ を含む類を $\begin{bmatrix}a_1\\a_2\\a_3\end{bmatrix}$ で表す．また，集合 $K^3-\{0\}=\{(l_1, l_2, l_3)\neq 0 \mid l_i\in K\}$ において

$$l\sim m \iff m=\mu l \text{ となる } \mu\in K \text{ が存在する}$$

と定義すると，$\sim$ は同値関係を満たすので

$$KL^2=(K^3-\{0\})/\sim$$

とおく．(l_1, l_2, l_3) を含む類を $[l_1, l_2, l_3]$ で表す．KP^2 の元を**点**，KL^2 の元を**直線**といい，直線 $l=[l_1, l_2, l_3]$ と点 $a=\begin{bmatrix}a_1\\a_2\\a_3\end{bmatrix}$ の incidence を

$$(l, a)=l_1a_1+l_2a_2+l_3a_3=0$$

で定義する．(incidence の定義は，l，a をそれぞれ μl，$a\lambda$ に置き替えても変らないことに注意)．このとき，$KP=\{KP^2, KL^2, (\,,\,)\}$ は平面射影幾何になる．

公理 1 の証明 $a=\begin{bmatrix}a_1\\a_2\\a_3\end{bmatrix}$, $b=\begin{bmatrix}b_1\\b_2\\b_3\end{bmatrix}$ を相異なる 2 点とする．この 2 点を通る直線 $l=[l_1, l_2, l_3]$ を求めよう．l は a, b を通るから

$$\begin{cases} l_1a_1+l_2a_2+l_3a_3=0 & \text{(i)} \\ l_1b_1+l_2b_2+l_3b_3=0 & \text{(ii)} \end{cases}$$

を満たす．これを l_1, l_2, l_3 に関して解こう．

(1) $a_1 \neq 0$ のとき，(i)より $l_1=-l_2a_2a_1^{-1}-l_3a_3a_1^{-1}$ となるが，これを(ii)に代入すると

$$l_2(b_2-a_2a_1^{-1}b_1)+l_3(b_3-a_3a_1^{-1}b_1)=0 \qquad \text{(iii)}$$

となる．もし，$b_2-a_2a_1^{-1}b_1=b_3-a_3a_1^{-1}b_1=0$ とすると，$a=b$ となり仮定に反するので，どちらかは 0 でない．いま，$b_2-a_2a_1^{-1}b_1 \neq 0$ とすると，(iii)より l_2 が l_3 で表され，さらに(i)より l_1 も l_3 で表される．結局，求める直線 l は $[(b_3-a_3a_1^{-1}b_1)(b_2-a_2a_1^{-1}b_1)^{-1}a_2a_1^{-1}-a_3a_1^{-1}, -(b_3-a_3a_1^{-1}b_1)(b_2-a_2a_1^{-1}b_1)^{-1}, 1]$ となる．$b_3-a_3a_1^{-1}b_1 \neq 0$ のときも同様である．

(2) $b_1 \neq 0$ のとき，(1)と同様である．

(3) $a_1=b_1=0$, $a_2 \neq 0$ のとき，(i)より $l_2=-l_3a_3a_2^{-1}$ となるが，(ii)に代入して

$$l_3(b_3-a_3a_2^{-1}b_2)=0$$

となる．$b_3-a_3a_2^{-1}b_2=0$ とすると $a=b$ となり仮定に反するので，$b_3-a_3a_2^{-1}b_2 \neq 0$ である．よって，$l_3=0$ となる．さらに，(i)より $l_2=0$ となる．結局，求める直線 l は $[1, 0, 0]$ である．

(4) $a_1=b_1=0$, $b_2 \neq 0$ のとき，(3)と同様である．

(5) $a_1=b_1=a_2=b_2=0$ のとき，$a=b$ となるので起り得ない．

(**注意** 体 K が可換のときには，直線 l の式は簡単になる．すなわち，(i), (ii)を解くと

$$\frac{l_1}{a_2b_3-a_3b_2}=\frac{l_2}{a_3b_1-a_1b_3}=\frac{l_3}{a_1b_2-a_2b_1}$$

となる．(ただし，分母＝0 のときは分子＝0 と約束する．また，分母がすべて 0 になると $a=b$ となるので，そのようなことはない)．よって，直線 l は

$$[a_2b_3-a_3b_2, a_3b_1-a_1b_3, a_1b_2-a_2b_1]$$

である．この式の中味は，ベクトル a, b の外積 $a \times b$ に外ならない．ベ

クトル a, b の外積 $a\times b$ は $a\times b=-b\times a$ を満たしているが，平面射影幾何 KP では定数倍は無視するから，$a\times b=b\times a$ であることに注意しよう）．

公理 2 の証明　公理 1 の証明と同様である．

公理 3 の証明　$\begin{bmatrix}1\\0\\0\end{bmatrix}$, $\begin{bmatrix}0\\1\\0\end{bmatrix}$, $\begin{bmatrix}0\\0\\1\end{bmatrix}$, $\begin{bmatrix}1\\1\\1\end{bmatrix}$ は独立な 4 点である．

Desargues の公理 4 を証明するために，次の命題を用意する．

> **命題 21.2**　KP において，3 点 a, b, c が一直線上にあるための必要十分条件は，a, b, c をベクトルとみて，右 1 次従属であることである．すなわち，すべては 0 でない $\lambda, \mu, \nu\in K$ が存在して
> $$a\lambda+b\mu+c\nu=0$$
> となることである．

この命題を証明するために，次の線型代数の補題が必要となる．

> **補題 21.3**　体 K の元を成分にもつ正方行列 A に対し
> A の行ベクトルが左 1 次従属
> $\Longleftrightarrow$ A の列ベクトルが右 1 次従属
> が成り立つ．

証明は省略する（例えば，D.A. Suprunenko, Matrix Groups, trans. Math. Monographs 45, AMS, p. 45）．

命題 21.2の証明　3 点 $a=\begin{bmatrix}a_1\\a_2\\a_3\end{bmatrix}$, $b=\begin{bmatrix}b_1\\b_2\\b_3\end{bmatrix}$, $c=\begin{bmatrix}c_1\\c_2\\c_3\end{bmatrix}$ が直線 $l=[l_1, l_2, l_3]$ 上にあれば

$$\begin{cases}l_1a_1+l_2a_2+l_3a_3=0\\ l_1b_1+l_2b_2+l_3b_3=0\\ l_1c_1+l_2c_2+l_3c_3=0\end{cases}$$

である．これは，ベクトル (a_1, b_1, c_1), (a_2, b_2, c_2), (a_3, b_3, c_3) が左 1 次従属であることを示している．補題 21.3 より，ベクトル $\begin{pmatrix}a_1\\a_2\\a_3\end{pmatrix}$, $\begin{pmatrix}b_1\\b_2\\b_3\end{pmatrix}$, $\begin{pmatrix}c_1\\c_2\\c_3\end{pmatrix}$

は右1次従属となる．逆も正しい．これで命題21.2が証明された．

Desargues の公理の証明　$a \neq a'$, $b \neq b'$, $c \neq c'$ としておいてよい．さて，3点 s, a, a' は1直線上にあるから，すべては0でない $\lambda, \mu, \nu \in K$ が存在して

$$s\lambda + a\mu + a'\nu = 0$$

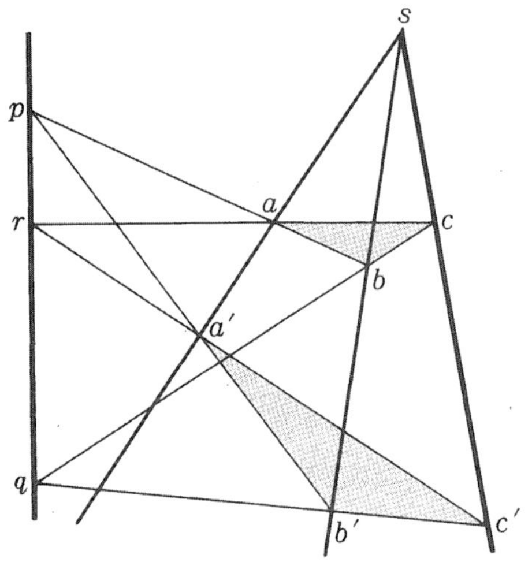

となる（命題21.2），$\lambda \neq 0$ である．実際，$\lambda = 0$ とすると，$a = a'$ となるからである．そこで λ^{-1} を上式の右から掛けて

$$s + a\mu_1 + a'\nu_1 = 0 \tag{1}$$

を得る．同様に

$$s + b\mu_2 + b'\nu_2 = 0 \tag{2}$$

$$s + c\mu_3 + c'\nu_3 = 0 \tag{3}$$

を満たす $\mu_i, \nu_i \in K$, $i = 2, 3$ が存在する．(1)−(2), (2)−(3), (3)−(1)をつくると

$$a\mu_1 - b\mu_2 = -a'\nu_1 + b'\nu_2 \quad (= p \text{ とおく}) \tag{4}$$

$$b\mu_2 - c\mu_3 = -b'\nu_2 + c'\nu_3 \quad (= q \text{ とおく}) \tag{5}$$

$$c\mu_3 - a\mu_1 = -c'\nu_3 + a'\nu_1 \quad (= r \text{ とおく}) \tag{6}$$

となる．(4)は a, b, p および a', b', p' が1直線上にあることを意味している（命題21.2）から，p は直線 $a \times b$, $a' \times b'$ の交点である．q, r に

ついても同様である．(4)+(5)+(6)をつくると

$$p+q+r=0$$

となるが，これは3点 p，q，r が1直線上にあることを示している(命題21.2)．

例 21.4　体 $\boldsymbol{Z}_2=\{0,1\}$（例 20.2）から作られた平面射影幾何 $\boldsymbol{Z}_2P$

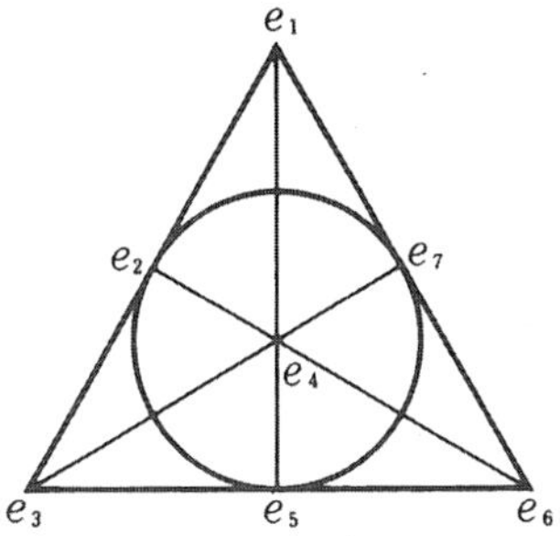

は，7つの点 $e_1=\begin{bmatrix}0\\0\\1\end{bmatrix}$，$e_2=\begin{bmatrix}1\\0\\1\end{bmatrix}$，$e_3=\begin{bmatrix}1\\0\\0\end{bmatrix}$，$e_4=\begin{bmatrix}1\\1\\1\end{bmatrix}$，$e_5=\begin{bmatrix}1\\1\\0\end{bmatrix}$，$e_6=\begin{bmatrix}0\\1\\0\end{bmatrix}$，$e_7=\begin{bmatrix}0\\1\\1\end{bmatrix}$ と7本の直線 $[1,0,0]$，$[0,1,0]$，$[0,0,1]$，$[0,1,1]$，$[1,0,1]$，$[1,1,0]$，$[1,1,1]$ から成り立っている．3点 e_1，e_2，e_3 は同一直線上にあり，その直線は $[0,1,0]$ であり，3点 e_2，e_5，e_7 も同一直線上にあり，その直線は $[1,1,1]$ である．他も同様である．(この $\boldsymbol{Z}_2P^2$ は Cayley 数体 $\mathbb{C}$ そのものといえる．第19話末の参考書のどれかを参照して下さい)．

例 21.5　実数体 $\boldsymbol{R}$ から作られる平面射影幾何 $\boldsymbol{R}P$ の点の集合が $\boldsymbol{R}P^2=(\boldsymbol{R}^3-\{0\})/\sim$ である．これには

$$\boldsymbol{R}P^2=\{\boldsymbol{R}^3 \text{ で原点 } 0 \text{ を通る直線の全体}\}$$

という見方もあった(第17話)ことを思い出そう．このとき，$\boldsymbol{R}P$ の直線の集合として

$$\boldsymbol{R}L^2=\{\boldsymbol{R}^3 \text{ で原点 } 0 \text{ を通る平面の全体}\}$$

を考える．すなわち

原点0を通る直線 を **点**

原点0を通る平面　を　**直線**

ということにする．そして，incidence を

直線が平面上にある　を　点が直線上にある

と定義すると，$\boldsymbol{RP}=\{\boldsymbol{RP}^2, \boldsymbol{RL}^2, (\ ,\ )\}$ は平面射影幾何になるが，これは $\boldsymbol{RP}$ の直観的な見方であるといえよう．実際，原点0を通る2本の直線は，原点0を通る1つの平面を決定し，また，原点0を通る2つの平面は，その交線として原点0を通る1つの直線を決定するからである．

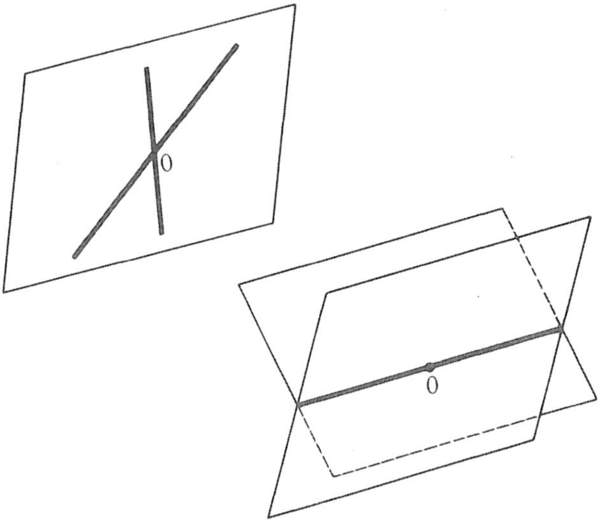

$$\boldsymbol{RP}^2=S^2/\sim$$

の見方もあったことを思い出そう．上記の $\boldsymbol{RP}$ の構成法を球面 S^2 で切断すると分かるように，$S^2/\sim$ の元が点であり，$\boldsymbol{RP}$ の直線は大円$/\sim$ である．実際，球面 S^2 の2点を通る大円が唯1つあり，かつ，2つの大円は2点で交わることから理解できるであろう．

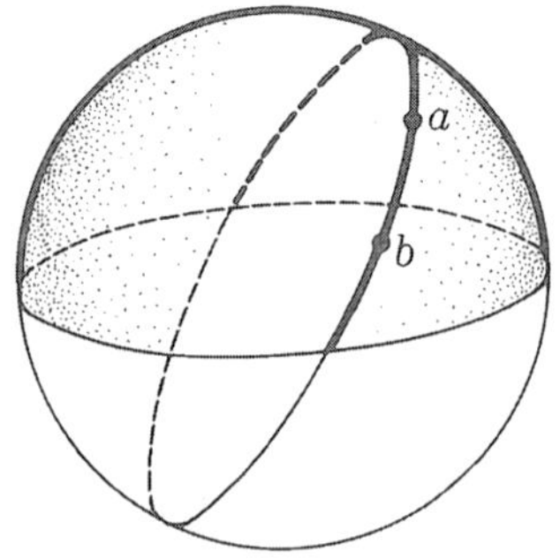

定理 21.6（**方法II**）　集合

$$KP^2=\{(a, b), (m), (\infty) \mid a, b, m\in K\}$$

の元を**点**をいい，集合

$$KL^2=\{[m, k], [a], [\infty] \mid m, k, a\in K\}$$

の元を**直線**という．点と直線の incidence を

$$\begin{cases} \text{点}\,(a, b)\,\text{を直線}\,[m, k]\,\text{上にある} \iff b=ma+k \\ \text{点}\,(a, b)\,\text{は直線}\,[a]\,\text{上にある} \end{cases}$$

$$\begin{cases} \text{点}\,(m)\,\text{は直線}\,[m, k],\ [\infty]\,\text{上にある} \\ \text{点}\,(\infty)\,\text{は直線}\,[a],\ [\infty]\,\text{上にある} \end{cases}$$

で定義すると，$KP=\{KP^2, KL^2, (\ ,\ )\}$ は平面射影幾何になる．

公理 1 の証明　(1)　2 点 (a, b)，(c, d)，$a\neq c$ を通る直線は $[(b-d)(a-c)^{-1}, b-(b-d)(a-c)^{-1}a]$ である．

(2)　2 点 $(a, b), (a, d)$，$b\neq d$ を通る直線は $[a]$ である．

(3)　2 点 $(a, b), (m)$ を通る直線は $[m, b-ma]$ である．

(4)　2 点 $(a, b), (\infty)$ を通る直線は $[a]$ である．

(5)　2 点 $(m), (n)$，$m\neq n$ を通る直線は $[\infty]$ である．

(6)　2 点 $(m), (\infty)$ を通る直線は $[\infty]$ である．

公理 2 の証明　公理 1 と同様であるが再記する．

(1)′　2 直線 $[m, k], [n, l]$，$m\neq n$ の交点は $(-(m-n)(k-l), -m(m-n)^{-1}(k-l)+k)$ である．

(2)′　2 直線 $[m, k], [m, l]$，$k\neq l$ の交点は (m) である．

(3)′　2 直線 $[m, k], [a]$ の交点は $(a, ma+k)$ である．

(4)′　2 直線 $[m, k], [\infty]$ の交点は (m) である．

(5)′　2 直線 $[a], [b]$，$a\neq b$ の交点は (∞) である．

(6)′　2 直線 $[a], [\infty]$ の交点は (∞) である．

公理 3 の証明　$(0, 0), (0), (\infty), (1, 1)$ は独立な 4 点である．

Desargues の公理 4 の証明は省略する．（次の対応で，方法 I に帰着するとよい）．

方法 I と方法IIの関係は次のようである．

$$\begin{bmatrix} a_1 \\ a_2 \\ a_3 \end{bmatrix} \to (a_2a_1^{-1},\ a_3a_1^{-1}),\ (a_1 \neq 0) \qquad \begin{bmatrix} 1 \\ a \\ b \end{bmatrix} \leftarrow (a,\ b)$$

$$\begin{bmatrix} 0 \\ a_2 \\ a_3 \end{bmatrix} \to (a_3a_2^{-1}),\ (a_2 \neq 0) \qquad \begin{bmatrix} 0 \\ 1 \\ m \end{bmatrix} \leftarrow (m)$$

$$\begin{bmatrix} 0 \\ 0 \\ a_3 \end{bmatrix} \to (\infty),\ (a_3 \neq 0) \qquad \begin{bmatrix} 0 \\ 0 \\ 1 \end{bmatrix} \leftarrow (\infty)$$

$$[l_1, l_2, l_3] \to [-l_3^{-1}l_2, -l_3^{-1}l_1] \qquad [k, m, -1] \leftarrow [m, k]$$
$$l_3 \neq 0$$

$$[l_1, l_2, 0] \to [-l_2^{-1}l_1] \qquad [a, -1, 0] \leftarrow [a]$$
$$l_2 \neq 0$$

$$[l_1, 0, 0] \to [\infty] \qquad [1, 0, 0] \leftarrow [\infty]$$
$$l_1 \neq 0$$

(**注意**　結合法則 $a(bc)=(ab)c$ を満たさない体 K からも，公理 1，2，3 は成り立つが Desargues の公理 4 を満たさない平面射影幾何 KP が作れる．(Cayley 射影幾何が有名で重要である)．それを作るには，方法 I は駄目で方法IIなら通用する．その意味で，方法IIの構成法の方が広いということができる)．

例 21.7　第17話で，射影平面 $\boldsymbol{RP}^2$ は

$$\boldsymbol{RP}^2 = \boldsymbol{R}^2 \cup \boldsymbol{R}^1 \cup \infty$$

と表せることを示した．方法IIの構成法から分かるように，$\boldsymbol{R}^2$ 上での直線の方程式は

$$y = mx + k$$

であって，これは Euclid 幾何学 $\boldsymbol{R}^2$ での直線の方程式と同じである．この意味でも，平面射影幾何学は Euclid 幾何学を含んでいるといえる．逆に，射影平面 $\boldsymbol{RP}^2$ は Euclid 平面 $\boldsymbol{R}^2$ に 1 つの直線 $\boldsymbol{RP}^1 = \boldsymbol{R} \cup \infty$（この直線を**無限遠直線**という）を付け加えたものであるということができる．

第22話　射影，切断と6点図形

射影幾何学の基本操作である射影と切断の定義を述べ，6点図形が射影によって不変であることを示そう．これは後でしばしば用いられる．以下の定義，命題はすべて平面射影幾何 P で考える．

定義　l，l' を直線，s をこれらの直線上にない点とする．l 上の点 x，y，…に対し，直線 $s\times x$，$s\times y$，…と l との交点を x'，y'，…とする．このとき，点 s から l 上の点 x，y，…を l 上の点 x'，y'，…へ**射影する**(または，l 上の点 x，y，…と l' 上の点 x'，y'，…は点 s に関し**配景的**である）という．また，x'，y'，…は直線 $s\times x$，$s\times y$，…を直線 l' により**切断**して得られるともいう．直線 l 上の点 x，y，…と直線 l'' 上の点 x'', y'', …が有限回の配景的関係で結ばれているとき，両者は**射影的**であるという．

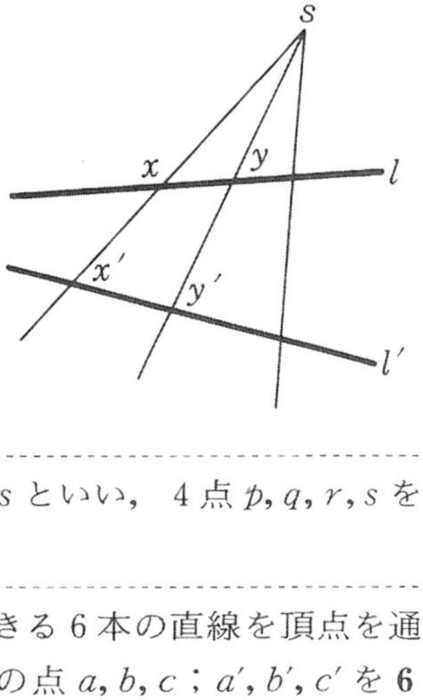

以下，独立な4点 p, q, r, s を**4角形**$pqrs$ といい，4点 p, q, r, s をその4角形の**頂点**ということにする．

定義　4角形 $pqrs$ の頂点を結んでできる6本の直線を頂点を通らない直線 l で切断して得られる6つの点 a, b, c；a', b', c' を**6点図形**という．

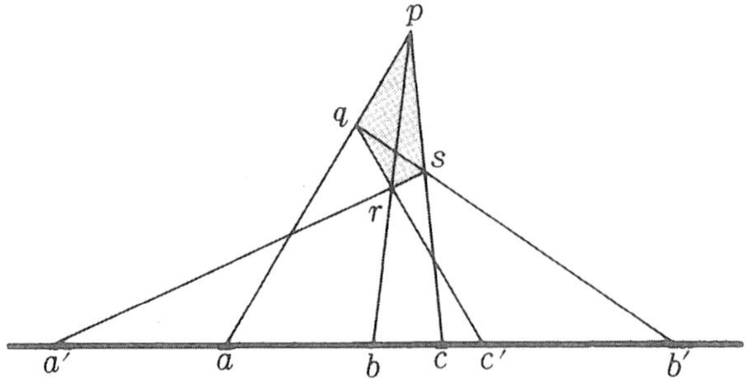

点 a, a'；b, b'；c, c' の対は 4 角形 $pqrs$ の対辺と l との交点となっている。6 点図形の 6 点は重複することがある。

> **命題 22.1**　直線 l 上の 2 つの 6 点図形のうち 5 組の点が一致すれば，残りの 1 組の点も一致する。

証明　4 角形 $pqrs$，$p'q'r's'$ の 6 つの辺のうち，$r\times s$，$r'\times s'$ の交点以外の 5 組の点が直線 l 上で一致しているとする。3 角形 pqr と $p'q'r'$ および 3 角形 pqs と $p'q's'$ に対して，相対 Desargues（定理 20．1）を用

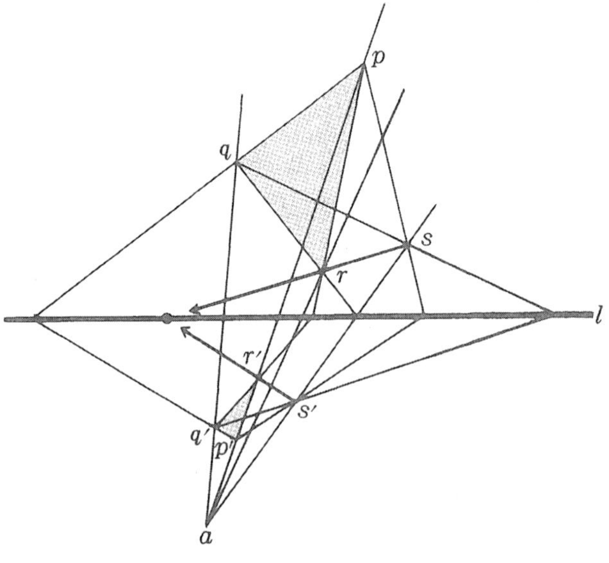

いると，４つの直線 $p\times p'$，$q\times q'$，$r\times r'$，$s\times s'$ は１点 a で交わる．そこで，３角形 prs，$p'r's'$ について Desargues の公理を用いると，直線 $r\times s$，$r'\times s'$ が直線 l 上で交わることが分かる．

命題 22.2　６点図形は射影により不変である．すなわち，６点図形に射影関係にある６つの点は６点図形である

これを証明するために，次の定義と補題 22．3 を用意する．

定義（６点図形の相対）　独立な４本の直線の６つの交点と，その４直線上にない点 s を結ぶ６本の直線 u, v, w；u', v', w' を **6 線図形**という．

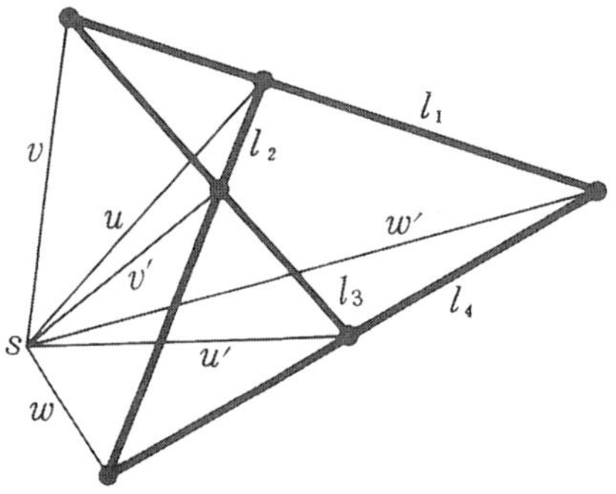

補題 22.3　直線 l 上の６点図形 a, b, c；a', b', c' を l 上にない点 s と結んで得られる６つの直線 u, v, w；u', v', w' は６線図形である．

証明　４辺形 $l_1l_2l_3l_4$ を作ろう．まず，$l_1=l$ とする．a' を通り点 s を通らない直線 l_2 をとる．l_2 と直線 v，w との交点をそれぞれ b_1，c_1 とし，$l_3=b'\times c_1$，$l_4=c'\times b_1$ とおく．また，l_3 と l_4 の交点を a_1 とする．このとき，a_1 は直線 u 上にある．実際，４角形 $sa_1b_1c_1$ が l 上に定める６点図形のうち，b, c；a', b', c' の５点が一致しているので，残りの１点も a に一致するからである（命題 22．1）．さて，u, v, w；u', v', w' は４辺形 $l_1l_2l_3l_4$ の６線図形になっている．

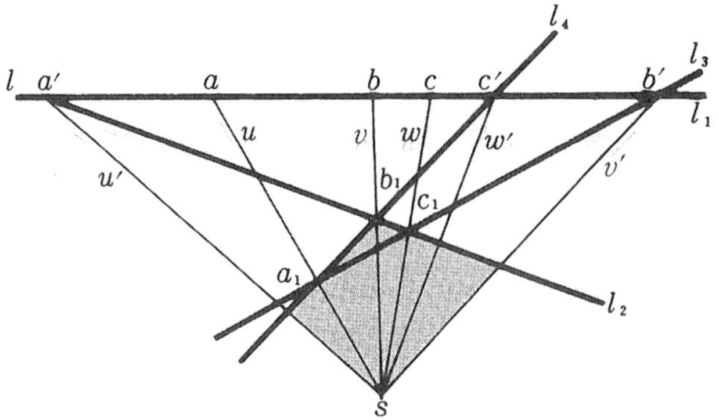

命題 22.2 の証明　補題 22. 3 の相対（定理 20. 1）より，6 線図形を直線で切断した 6 つの点は 6 点図形である．さて，a, b, c；a', b', c' を 6 点図形とすると，点 s とこれらの点を結んでできる直線 u, v, w；u', v', w' は 6 線図形である（補題 22. 2）．この 6 線図形を直線で切断した 6 つの点は 6 点図形である．以上で，命題 22. 2 が証明された．

第23話　平面射影幾何 P から体 K の構成

P を平面射影幾何とする．1つの直線 l をとり，さらに l 上に3点をとり，$0, 1, \infty$ と名付ける．点 ∞ を除いた l 上の点の集合 $K=l-\{\infty\}$ に体の構造を入れよう．

1．K 上の和 $a+b$ の定義

K 上に和を定義するには，$0, \infty$ があればよく，1は不要である．その前に，Euclid 幾何 $\boldsymbol{R}^2$ における直線 l 上の和の作り方を思い出そう．l に平行な直線 l' と0を通る直線 l_0 を引く．そして，下図のように作図すると，a，b に対し，$a+b$ が定義できる．

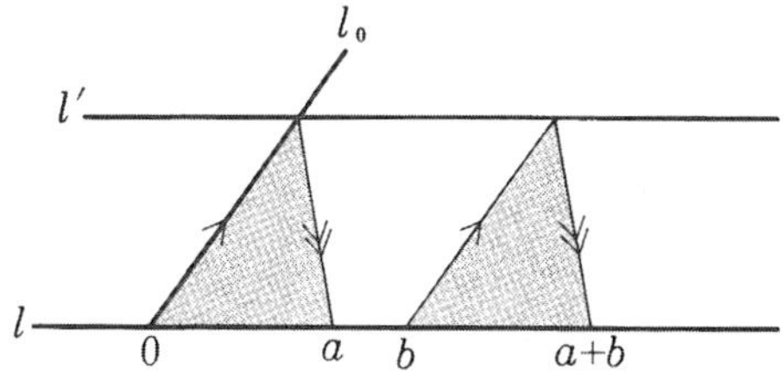

定義　点 ∞ を通り l と異なる2本の直線 l_∞，l' を引く．(l_∞ で交わる2つの直線は平行であると思うと理解し易いであろう)．点0を通り，l と異なる直線 l_0 を引く．$l'\times l_0=r$，$l_\infty\times l_0=t$ とおく．直線 $a\times r$ と l_∞ の交点 q，直線 $b\times t$ と l' の交点を s とする．そして，直線 $q\times s$ と l の交点を $a+b$ と定義する．

和の定義は直線 l_∞，l'，l_0 の取り方によらない．実際，∞，b，

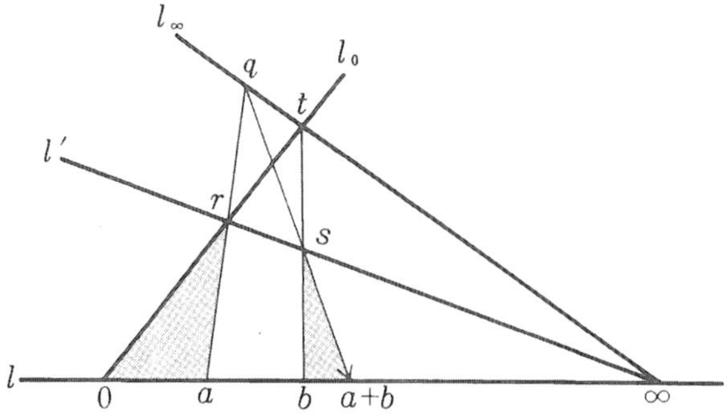

0；∞, a, $a+b$ は6点図形である（命題22.1）．

K の点 a に対し点 $-a$ を定義しよう．点 ∞ を通り l と異なる直線 l_∞, l' と，点0を通る直線 l_0 を引く．$l'\times l_0=s$, $l_\infty\times l_0=t$ とおく．直線 $a\times s$ と l_∞ の交点を q, 直線 $0\times q$ と l' の交点を r とする．そして，直線 $t\times r$ と l の交点を $-a$ と定義する．（l_∞, l', l_0 の取り方によらない）．

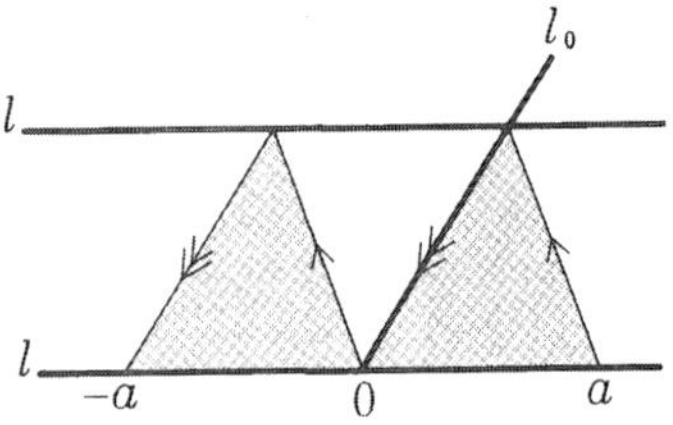

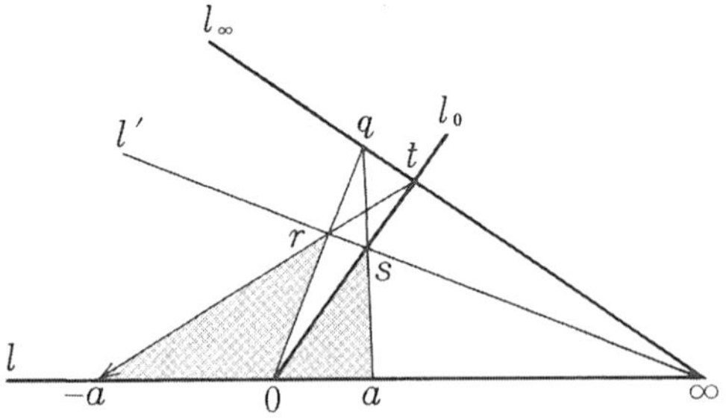

定理 23.1　K の和 $a+b$ に関し，次が成り立つ．

$$a+b=b+a,\quad a+0=a,$$

$$a+(-a)=0, \quad a+(b+c)=(a+b)+c$$

証明 初めの3式の証明は容易であるから省略し，最後の式だけ証明しよう．次図において，直線 $0\times s=l_0'$ を用いて和 $b+c$ を作り，次に l_0 を用いて和 $a+(b+c)$ を作る．一方，l_0 を用いて和 $a+b$ を作り，次に l_0' を用いて和 $(a+b)+c$ を作ると，これは上記の $a+(b+c)$ に一致している．

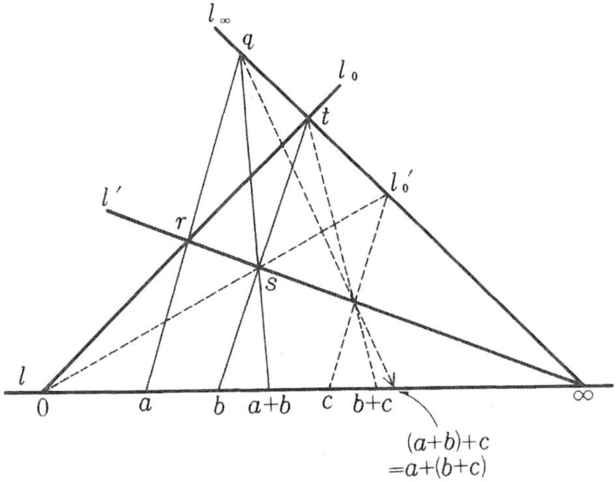

2. K 上の積 ab の定義

Euclid 幾何 $\boldsymbol{R}^2$ で，直線 l 上の2点 a，b から点 ab を作る作図は次のようである．

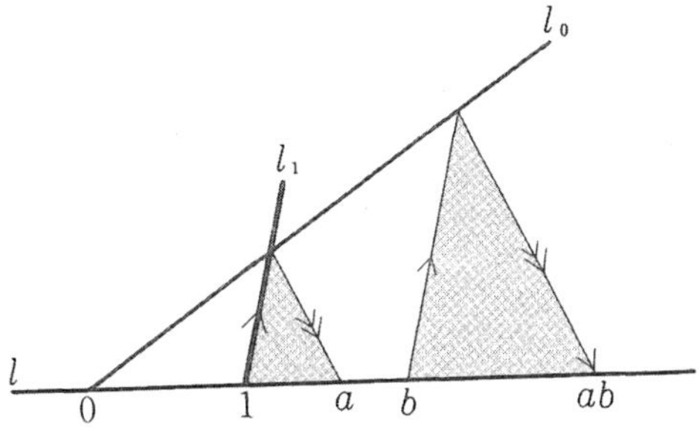

定義　点0, 1, ∞ を通り l と異なる直線 l_0, l_1, l_∞ を引く．$l_0\times l_1=r$, $l_\infty\times l_1=t$ とおく．直線 $a\times r$ と l_∞ の交点を q, 直線 $b\times t$ と l_0 との交点を s とする．そして，直線 $q\times s$ と l の交点を ab と定義する．

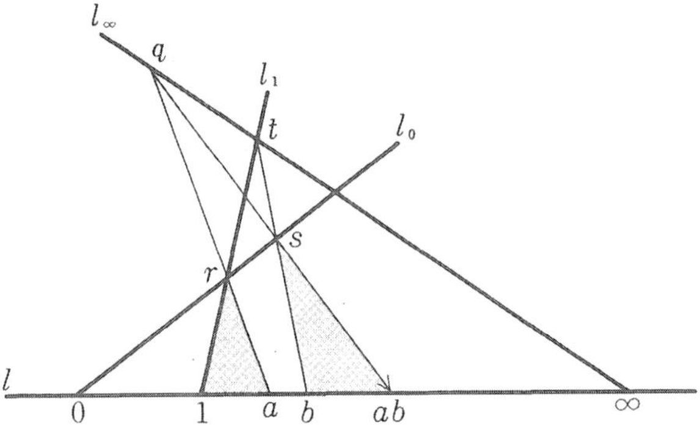

積の定義は，直線 l_∞, l_1, l_0 の取り方によらない．実際，$a, b, 1$；∞, a, ab は6点図形である（命題22．1）．

K の点 a, $a\neq 0$ に対し点 a^{-1} を定義しよう．点0, 1, ∞ を通り l と異

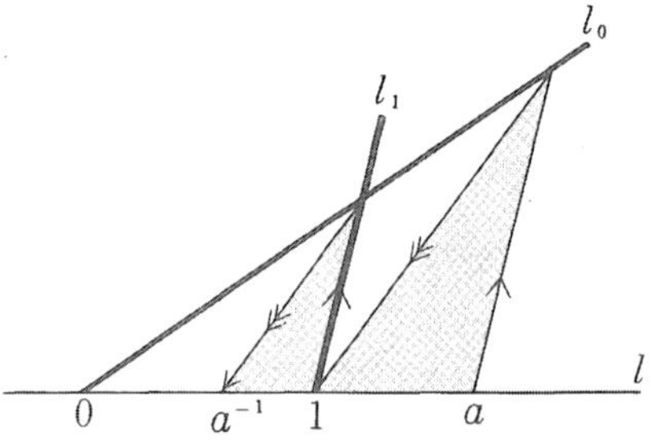

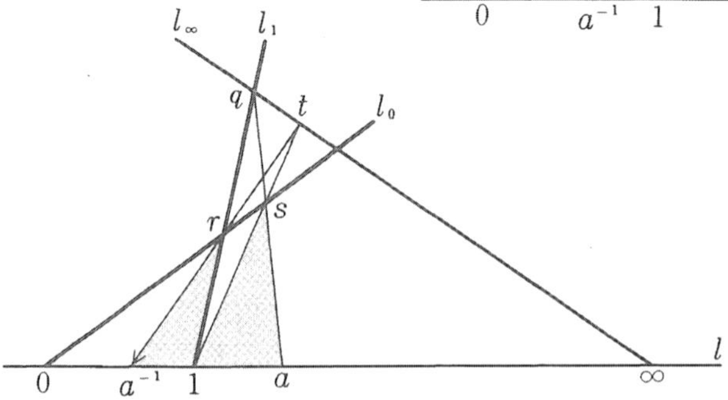

なる直線 l_0, l_1, l_∞ を引く．$l_0 \times l_1 = r$, $l_\infty \times l_1 = q$ とおく．直線 $q \times a$ と l_0 の交点を s, 直線 $1 \times s$ と l_∞ の交点を t とする．そして，直線 $t \times r$ と l の交点を a^{-1} と定義する．(l_0, l_1, l_∞ の取り方によらない)．

定理 23.2　K の和 $a+b$, 積 ab に関し，次が成り立つ．

$$1a = a1 = a, \quad a^{-1}a = aa^{-1} = 1, \quad a(bc) = (ab)c$$
$$(b+c)a = bc + ca, \quad a(b+c) = ab + ac$$

証明　初めの 2 式は容易であるから省略する．$a(bc) = (ab)c$ を示そう．下図において，l_1' を用いて積 bc を作り，次に l_1 を用いて積 $a(bc)$

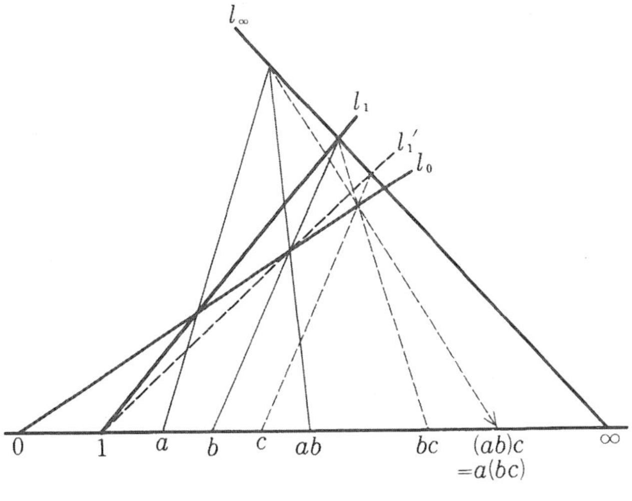

を作る．一方，l_1 を用いて積 ab を作り，次に l_1' を用いて積 $(ab)c$ を作ると，これは上記の $a(bc)$ に一致している．

$(b+c)a = ba + ca$ を示そう．次図において，l_0 と l_1 の交点を q とする．l 上の 6 点図形 c, ∞, 0 ; b, ∞, $(b+c)$ を点 q から l_∞ 上に射影して 6 点 c', ∞, $0'$; b', ∞, $(b+c)'$ を得たとすると，これは 6 点図形である (命題 22.2)．直線 $a \times 1'$ と l_0 の交点を s とし，s から上記の 6 点図形を l 上に射影すると，積の定義から，ca, ∞, 0, ba, ∞, $(b+c)a$ を得るが，これも 6 点図形である (命題 22.2)．和の定義から，$ba + ca$ は $(b+c)a$ である．すなわち，$ba + ca = (b+c)a$ である．$a(b+c) = ab + ac$ も同様に証明される．

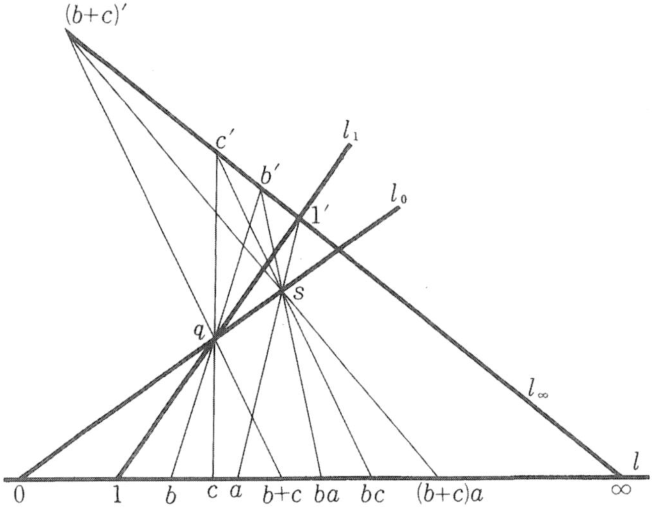

以上で，$K=l-\{\infty\}$ は和 $a+b$，積 ab に関し体になることが分かった。しかし，この体 K は平面射影幾何 P の固有のものであることが未だ証明されていない。すなわち，直線 l の取り方，また 3 点 0, 1, ∞ の取り方に依存しているからである。証明することは，他の直線 l' とその上の 3 点 $0'$, $1'$, ∞' を選び，$K'=l'-\{\infty'\}$ に体の構造を入れると，K と K' は体として同型：

$$K\cong K'$$

になることである。そのために，次の命題を用意する。

命題 23.3　2 つの直線 l，l' とそれぞれの上の異なる 3 点 a, b, c；a', b', c' に対して，a, b, c を a', b', c' に移す射影 f が存在する。

証明　(1)　$l\neq l'$，$a\neq a'$ のとき，直線 $a\times b'$ と $a'\times b$ の交点を b_1，直線 $a\times c'$ と $a'\times c$ の交点を c_1 とする。さらに，直線 $b_1\times c_1$ と $a\times a'$ の交点を a_1 とする。さて，a' から a, b, c を a_1, b_1, c_1 に射影し，つぎに，a から a_1, b_1, c_1 を a', b', c' に射影するとよい。

(2)　$l\neq l'$，$a=a'$ のとき，直線 $b\times b'$ と $c\times c'$ の交点 s から a, b, c を a', b', c' へ射影できる。

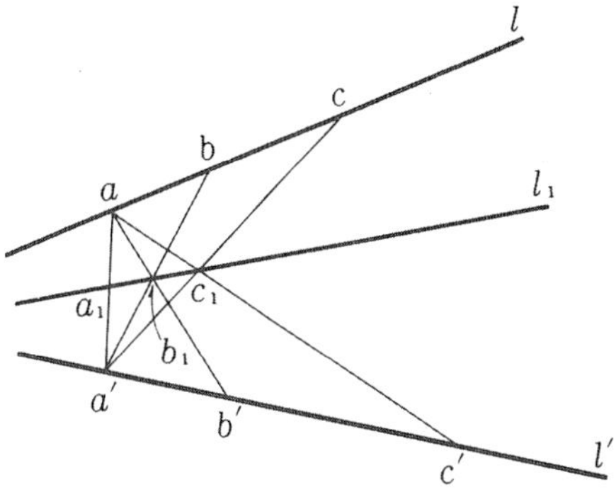

(3)　$l=l'$ のとき，l，l' と異なる直線 l'' とその上の 3 点 a''，b''，c'' をとり，a，b，c を a''，b''，c'' へ射影し ((1)の結果)，ついで，a''，b''，c'' を a'，b'，c' に射影する ((1)の結果) とよい．

定理 23.4　平面射影幾何 P から作られる体 K は（体の同型を除いて）直線 l とその上の 3 点 0，1，∞ の取り方によらない．

証明　2 つの直線 l，l' とそれらの上の 3 点 0，1，∞；$0'$，$1'$，∞' に対して，0，1，∞ を $0'$，$1'$，∞' に移す射影 f をとる（命題 23. 3）．さて，体 $K=l-\{\infty\}$，$K'=l'-\{\infty'\}$ の和と積が 6 点図形で定義されていることと，6 点図形が射影によって不変である（命題 22. 2）ことより，f が体の同型 $f:K\to K'$ を与えていることが分かる．

第24話　平面射影幾何と体の間の全単射

われわれの主目的であった定理20.6の証明を与えよう.

> **定理 24.1**　体 K から平面射影幾何 KP を作り，さらに KP から体 K' を作ると，K と K' は体として同型である：
> $$K \cong K'$$

証明　KP から体 K' の構成は，直線 l の取り方および l 上の3点の選び方によらなかった (定理23.4) ので，直線 $l=[0,0,1]$ とその上の3点を $0=\begin{bmatrix}1\\0\\0\end{bmatrix}$, $1=\begin{bmatrix}1\\1\\0\end{bmatrix}$, $\infty=\begin{bmatrix}0\\1\\0\end{bmatrix}$ にとる. l 上の2点 $a=\begin{bmatrix}1\\a\\0\end{bmatrix}$, $b=\begin{bmatrix}1\\b\\0\end{bmatrix}$ の和 $a+b$ を求めるために，∞ を通る2つの直線として $l_\infty=[1,0,0]$, $l'=[1,0,-1]$ を，0を通る直線として $l_0=[0,1,0]$ をとる. そして，定義に従っ

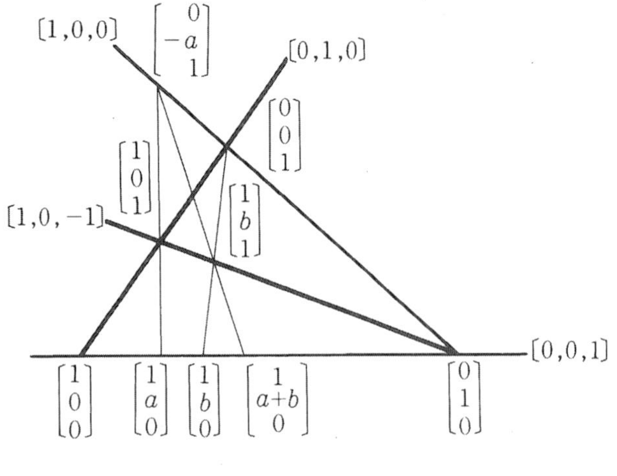

て和 $a+b$ を求めると $\begin{bmatrix} 1 \\ a+b \\ 0 \end{bmatrix}$ となり，体 K の和 $a+b$ に対応している．

つぎに，l 上の 2 点 a，b の積 ab を求めるために，0，1，∞ を通る直線として $l_0=[0,1,0]$，$l_1=[-1,1,1]$，$l_\infty=[1,0,0]$ をとる．そして，定義に従って積 ab を求めると $\begin{bmatrix} 1 \\ ab \\ 0 \end{bmatrix}$ となり，K の積 ab に対応している．

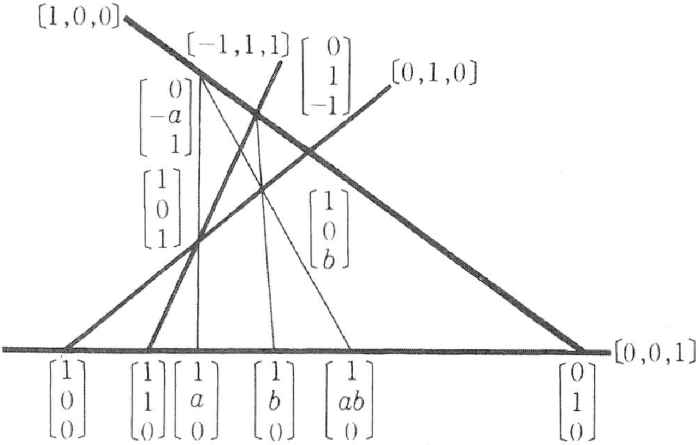

以上で，$K' \cong K$ が示された．

> **定理 24.2**　平面射影幾何 P から体 K を作り，さらに K から平面射影幾何 KP を作ると，P と KP は平面射影幾何として同型である：
>
> $$P \cong KP$$

証明　P に座標軸をとり，P の各点に座標を定めよう．独立な 4 点 e_1，e_2，e_3，e をとり，直線 l_x，l_y，l_∞ をそれぞれ

$$l_x=e_1\times e_2,\quad l_y=e_1\times e_3,\quad l_\infty=e_2\times e_3$$

で定める．直線 $e_3\times e$ と l_x の交点を 1_x，直線 $e_2\times e$ と l_y の交点を 1_y，直線 $e_1\times e$ と l_∞ の交点を 1_∞ とする．l_x 上において，e_1，1_x，e_2 を 0，1，∞ とすると，$K=l_x-\{e_2\}$ は体の構造をもっている（第23話）．l_y 上においても，e_1，1_y，e_3 を 0，1，∞ として $K'=l_y-\{e_3\}$ も体になるが，K'

$\cong K$ である（定理 23.4）ので，K' を K と同一視する：$K'=K$．さて，直線 l_∞ 上にない点 p に対して，直線 $e_3\times p$ と l_x の交点を $a\,(a\in K)$，直線 $e_2\times p$ と l_y の交点を $b\,(b\in K)$ とするとき，p の座標を

$$p(a,\ b)$$

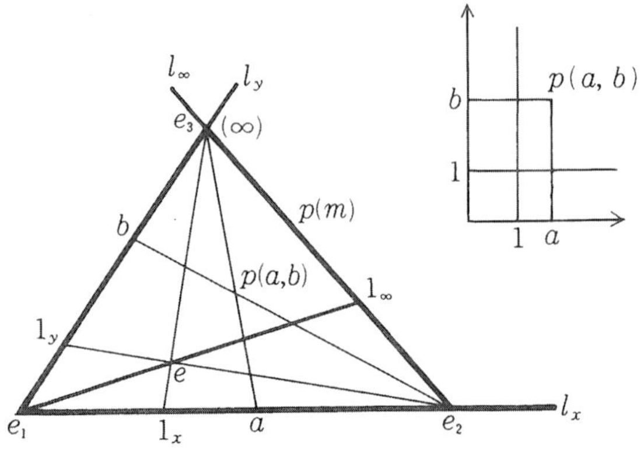

で定義する．直線 l_∞ 上の e_3 以外の点 p に対しては，e_2，1_∞，e_3 を 0，1，∞ として体 $l_\infty-\{e_3\}$ を K と同一視し，その点が $m\,(m\in K)$ ならば，p の座標を

$$p(m)$$

で定義する．最後に，点 e_3 の座標を

$$e_3(\infty)$$

で定義する．つぎに直線の方程式を求めよう．まず，2 点 $e_1=(0,0)$，(m) を通る直線 l_m が $[m,0]$ である，すなわち，l_m 上の点 $p(a,b)$ は

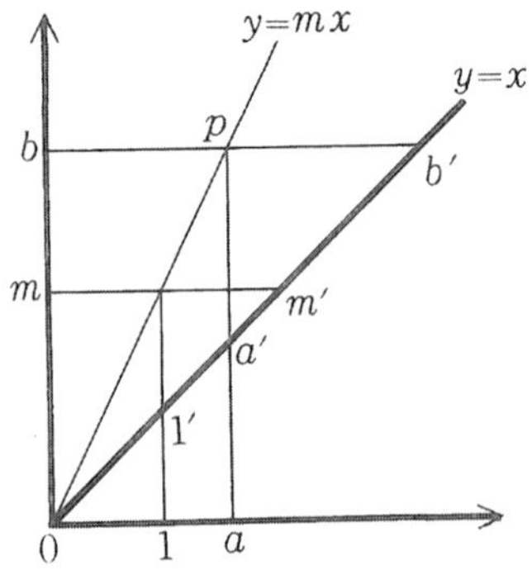

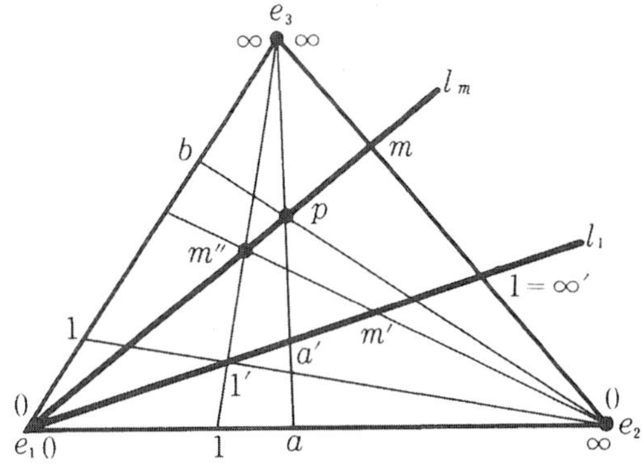

$$b=ma$$

を満たすことを示そう．実際，直線 $e_1\times 1_\infty$ を l_1 とおく，点 e_3 から l_x の点 1，a を l_1 へ射影して $1'$，a' とおく．また，点 e_2 から l_y の点 b，$m''=l_m\times(e_3\times 1_x)$ を l_1 へ射影して b'，m' とおく．このとき，e_1，$1'$，1_∞ を 0，1，∞ としたとき，体 K の元として e_1，$1'$，a'，m'，b'，1_∞ は 0，1，a，m，b，∞ に対応している．(m' については，点 e_1 から l_∞ の点 m を直線 $e_3\times 1_x$ の点 m'' に射影し，さらに，点 e_2 から l_1 の点 m' に射影したとみると分かることである)．このとき，積の定義より $b=ma$ となっている．(4 角形 e_3pe_2m'' の 6 点図形を見るとよい)．

つぎに，点 e_3 を通らない直線 l が直線 l_∞，l_y と交わる点をそれぞれ m，k $(m, k\in K)$ とするとき，直線 l は $[m, k]$ である，すなわち，l 上の点 $p(a, b)$ は

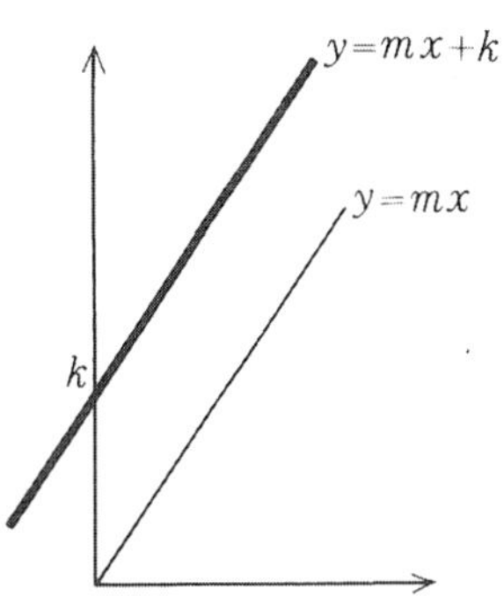

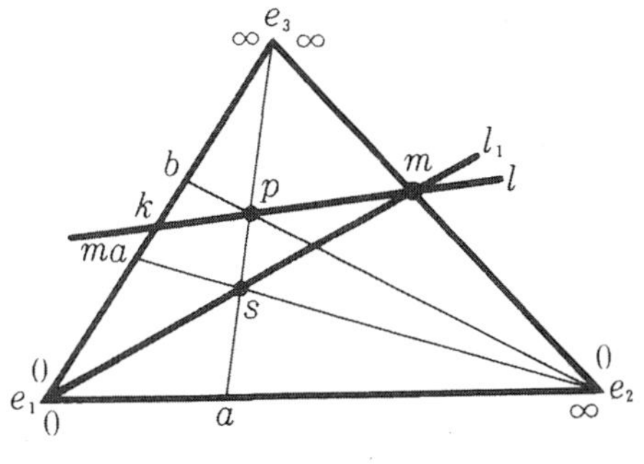

$$b = ma + k$$

を満たすことを示そう．実際，直線 $e_1 \times m$ と $e_3 \times a$ の交点を s とし，e_2 から点 p，s を l_y の点 b，ma に射影する（上記の結果）．このとき，和の定義より，$b = ma + k$ となっている．（4 角形 pse_2m の 6 点図形を見るとよい）．

最後に，点 e_3 を通る直線 l が l_x と交わる点を $a\,(a \neq e_2)$ とするならば，直線 l は $[a]$ である，すなわち，l 上の点 p は明らかに (a, b) の座標をもっている．また，直線 l_∞ は $[\infty]$ である，すなわち，l_∞ 上の点 p は (m) の座標をもっている．以上で第21話方法IIの構成から

$$P = KP$$

であることが示された．

以上のように，$P = KP$ を示したが，これは独立な 4 点 e_1，e_2，e_3，e の取り方に依存していた．この独立な 4 点の取り方によらないことを示すために次の命題が必要となる．

命題 24.3　平面射影幾何 P の 2 組の独立な 4 点 a, b, c, d ; a', b', c', d' に対して，平面射影幾何の同型対応 $f : P \to P$ が存在して

$$f(a) = a',\ f(b) = b',\ f(c) = c',\ f(d) = d'$$

となる．

証明を省略する．（例えば，N. Jacobson, Caylay plane, Mimeographed note）．これを認めると定理 24.2 が完成し，目的の定理 20.6 の証明が完成したことになる．なお，以後，P の平面射影幾何同型対応を P の**射影変換**ということにする．

第25話　射影幾何学から2，3の話題

射影幾何学の興味ある定理を2，3あげよう．しかし，その証明はすべて省略した．

1．Pappusの公理

今まで，体 K には可換性を仮定しなかったが，可換体の方が取り扱い易い意味がある．この可換体と射影幾何学との関係を示すものに次の定理25.1がある．

Pappusの公理 5　平面射影幾何 P の相異なる2直線 l, l' 上に3点 a, b, c ; a', b', c' をとり，直線 $a\times b'$ と $a'\times b$ の交点を p, 直線 $b\times c'$ と $b'\times c$ の交点を q, 直線 $c\times a'$ と $c'\times a$ の交点を r とする．このとき p, q, r は一直線上にある．

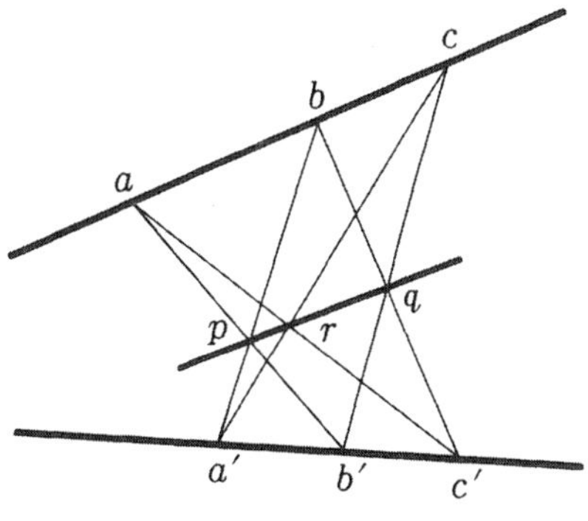

定理 25.1　平面射影幾何 P に対応する体 K が可換であるための必要十分条件は，P が Pappus の公理を満たすことである．

定理 25.1 に似た定理として，体 K の結合法則 $a(bc)=(ab)c$ と平面射影幾何の Desargues の公理が対応しているという事実がある．体と射影幾何の関係を示す定理は上記以外（有限体のある事実を除いて）余り知られていない．体論には Galois 理論等のすばらしい理論があり，一方，射影幾何学には，2 次曲線論，非 Euclid 幾何学等の興味ある理論があるが，これらには対応する事実がない．もう少し両者に関連があればと思うのであるが．

2．2 次曲線

Euclid 幾何学 $\boldsymbol{R}^2$ の 2 次曲線は，楕円，放物線，双曲線の 3 種に分類されることを知っているが，平面射影幾何学では 2 次曲線は 1 種のみである．

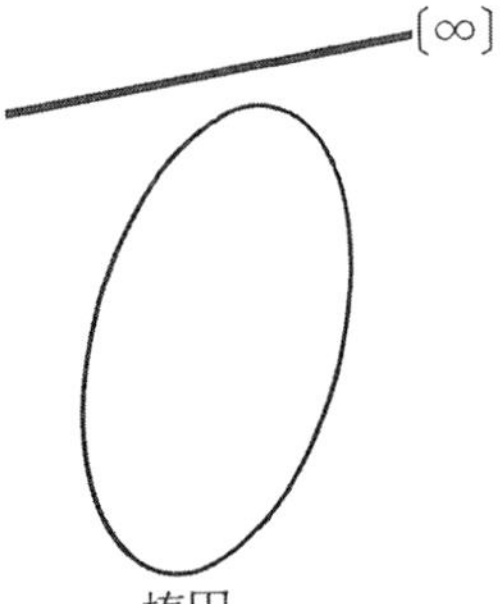

楕円

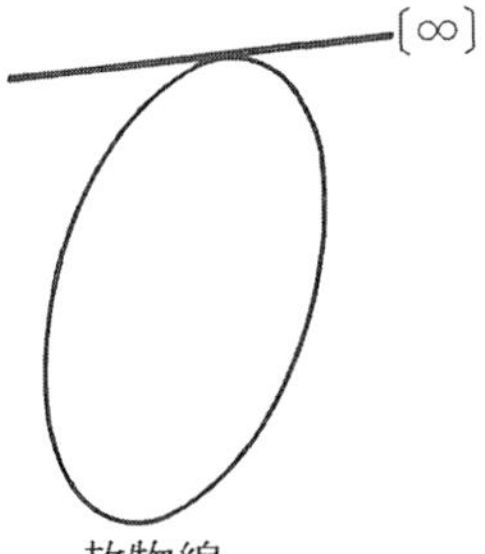

放物線

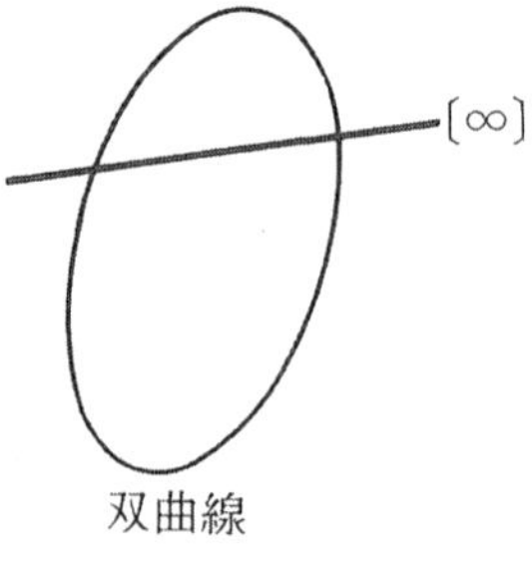

双曲線

さて，平面射影幾何 P での2次曲線の定義を与えよう．そのため，第22話で与えた配景，射影の相対の定義から始める．

定義　p，q を点，l を p，q を通らない直線とする．p を通る直線 u，v，…に対し，直線 l との交点を x，y，…とし，直線 $u'=q\times x$，$v'=q\times y$，…をつくる．このとき，直線 u，v，…と u'，v'，…は直線 l に関して**配景的**であるという．点 p を通る直線 u，v，…と点 p'' を通る直線 u''，v''…が有限回の配景的関係で結ばれているとき，両者は**射影的**であるという．

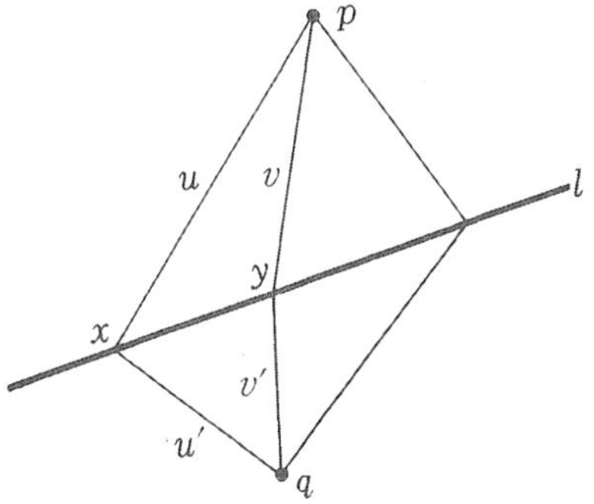

定義　点 p を通る直線の全体を線束 $\{p\}$ ということにする．さて，射影的関係にある(ただし，配景的関係にない) 2つの線束 $\{p\}$，$\{q\}$

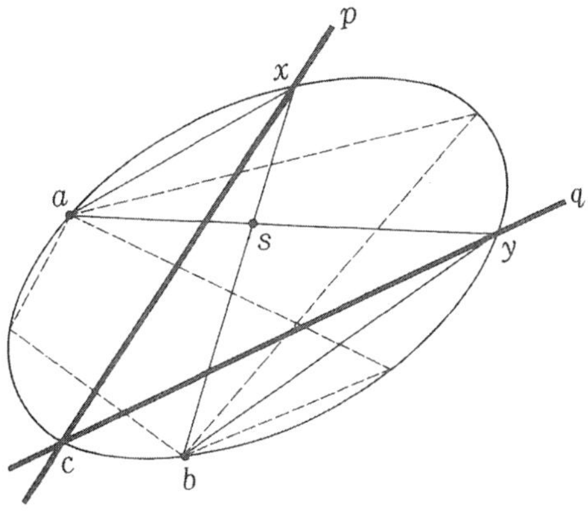

の交点の全体を**2次曲線**という．

2次曲線の相対の定義も与えておこう．

定義　直線 l 上の点の全体を点列 $\{l\}$ ということにする．さて，射影的関係にある（ただし，配景的関係にない）2つの点列 $\{l\}$, $\{m\}$ を結ぶ直線の全体を**2級曲線**という．

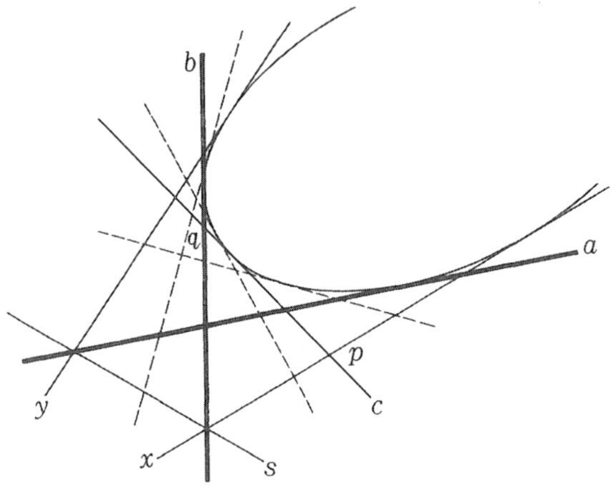

以下，体は実数体 $\boldsymbol{R}$ とする．平面射影幾何 $\boldsymbol{RP}$ では，2次曲線は2次方程式

$$a_{11}x_1{}^2+a_{22}x_2{}^2+a_{33}x_3{}^2+2a_{12}x_1x_2+2a_{13}x_1x_3+2a_{23}x_2x_3=0$$

（ただし，$a_{ij}=a_{ji}$ で $\det(a_{ij})\neq 0$ とする）で表される．すなわち，2次曲線上の点 $\begin{bmatrix}x_1\\x_2\\x_3\end{bmatrix}$ は上式を満たし，逆も正しい．2次曲線は，$\boldsymbol{RP}$ の座標軸を取り替えると

$$\lambda x_1{}^2+\mu x_2{}^2+\nu x_3{}^2=0 \qquad \lambda\mu\nu\neq 0$$

に変形され，さらに，λ, μ, ν の符号に応じて

$$x_1{}^2+x_2{}^2+x_3{}^2=0 \qquad \text{（虚の2次曲線）}$$

$$x_1{}^2+x_2{}^2-x_3{}^2=0$$

に変形される．虚の2次曲線を満たす $\boldsymbol{RP}$ の点は存在しないが，この2次曲線は存在すると思う方がよい．

$\boldsymbol{R}P$ の射影変換群は $SL(3, \boldsymbol{R})=\{A\in M(3, \boldsymbol{R}) \mid \det A=1\}$ に同型である．平面射影幾何学 $\boldsymbol{R}P$ はこの変換群 $SL(3, \boldsymbol{R})$ により不変な性質を調べる幾何学である．射影幾何学のうち，2 次曲線 $x_1{}^2+x_2{}^2+x_3{}^2=0$ を不変にする $SL(3, \boldsymbol{R})$ の部分群は $SO(3)$ になるが，この $SO(3)$ により不変な性質を調べるのが，楕円型非 Euclid 幾何学である．また，2 次曲線 $x_1{}^2+x_2{}^2-x_3{}^2=0$ を不変にする射影変換群 $SO(2,1)$ により不変な性質を調べるのが，双曲線非 Euclid 幾何学である．なお，1 つの直線を不変にする射影変換群 $\boldsymbol{R}^2\cdot SL(2, \boldsymbol{R})$ により不変な性質を調べるのが affine 幾何学である．Euclid 幾何学 $\boldsymbol{R}^2$ はこの affine 幾何学に含まれる．詳しくは

寺阪英孝　「射影幾何学の基礎」　共立出版

を参照して下さい．

最後に，2 次曲線のもつ美しい定理（Pappus の公理の拡張）をあげておく．

定理 25.2（Pascal）　2 次曲線上に 6 点 a，b，c；a'，b'，c' をとり，直線 $a\times b'$ と $a'\times b$ の交点を p，直線 $b\times c'$ と $b'\times c$ の交点を q，直線 $c\times a'$ と $c'\times a$ の交点を r とする．このとき p，q，r は一直線にある．

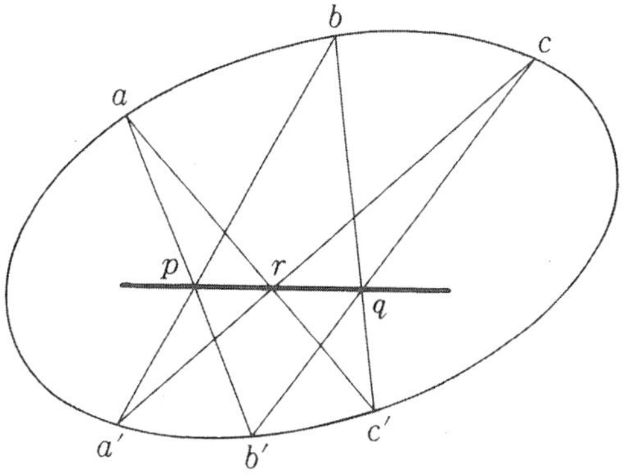

定理 25.3（Brianchon）（Pascal の定理の相対）　2 次曲線の 6 つの接線 u，v，w，u'，v'，w' をとり，交点 $u\times v'$ と $u'\times v$ を結ぶ直線を l，交点 $v\times w'$ と $v'\times w$ を結ぶ直線を m，交点 $w\times u'$ と w'

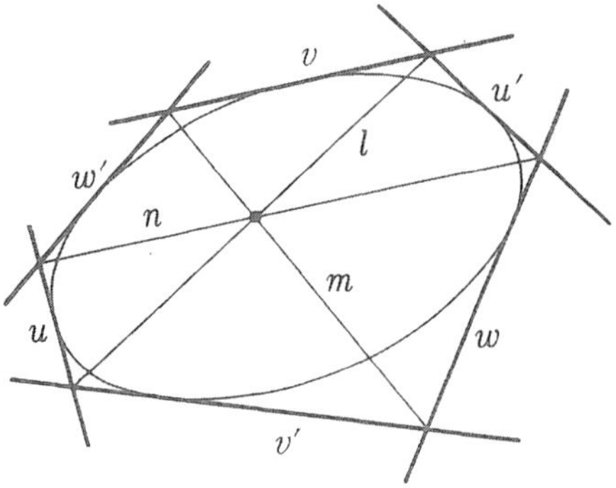

$\times u$ を結ぶ直線を n とする．このとき l，m，n は1点で交わる．

3．極，極線と調和列点

定理 25.4 と定義　2次曲線 Σ を与える．Σ 上にない点 P を通る直線と Σ の交点 a，b における接線の交点は一直線 p 上にある．逆に，直線 p 上の点から Σ へ2本の接線を引き，その接点 a，b を結ぶ直線は点 P を通る．このとき，点 P を**極**，直線 p を（2次曲線 Σ に関する）**極線**という．

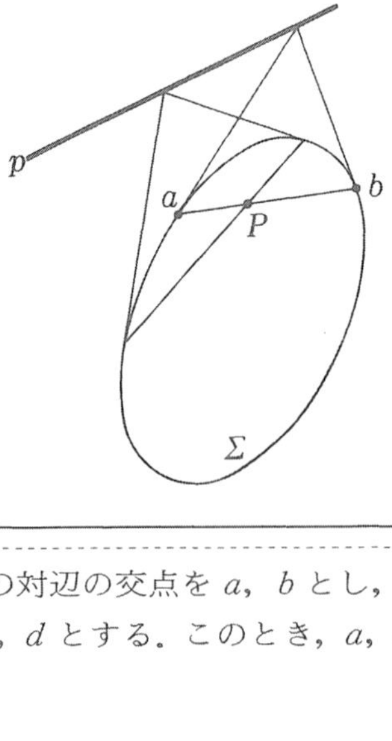

定義　4角形 $pqrs$ の対辺の交点を a，b とし，直線 $a\times b$ と4角形の対角線の交点を c，d とする．このとき，a，b；c，d は**調和列**

点であるという．

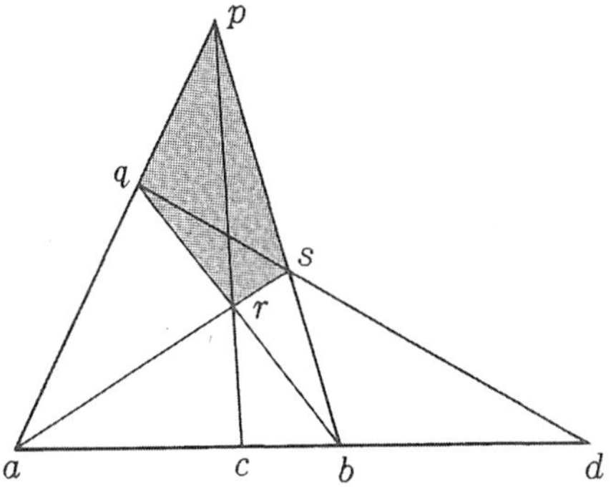

2 次曲線の極，極線と調和列点に関し，次の美しい重要な定理が成り立つ．

定理 25.5　P，p を 2 次曲線 Σ の極，極線とする．P を通る直線が Σ と交わる点を a，b，極線 p と交わる点を Q とする．このとき，a，b；P，Q は調和列点である．

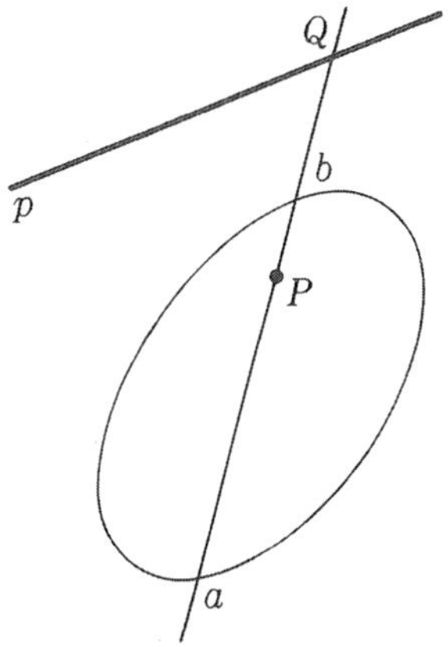

4．その他

今までに射影平面 $\boldsymbol{R}P^2$ に位相を入れる話を省略してきたが，これに答えるために，行列を用いる別の定義を与えよう．この方法の利点は，体 K が Cayley 数体 $\mathfrak{C}$ であっても通用することである．$K=\boldsymbol{R}, \boldsymbol{C}, \boldsymbol{H}, \mathfrak{C}$ とし

$$KP^2=\{A\in M(3,K)\mid {}^t\bar{A}=A, A^2=A, \mathrm{tr}(A)=1\}=KL^2$$

とおき，直線 L と点 A の incidence (L,A) を

$$(L,A)=\mathrm{tr}(LA+AL)$$

で定義すると，$KP=\{KP^2, KL^2, (\ ,\ )\}$ は平面射影幾何になる．(ただし，Cayley 数体 $\mathfrak{C}$ は結合法則 $a(bc)=(ab)c$ を満たさないので，$\mathfrak{C}P$ は Desargues の公理 4 を満たさない)．特に，この射影変換群が興味深い．例えば，Cayley 射影幾何 $\mathfrak{C}P$ の射影変換群が例外型単純 Lie 群 $E_{6(-26)}$ である．また，$\mathfrak{C}P$ での楕円型非 Euclid 幾何学，双曲線非 Euclid 幾何学に対応する $E_{6(-26)}$ の部分群がそれぞれ例外型単純 Lie 群 F_4，$F_{4(-20)}$ である．このように，Lie 群の研究に射影幾何学の手法が極めて有用である．筆者自身このことに深い関心をもっているので，この点を強調して一旦筆をおきたいと思う．

索　　引

MEMO

著者紹介：

横田一郎（よこた・いちろう）

著者略歴

1926年大阪府出身

大阪大学理学部数学科卒，大阪市立大学理学部数学科助手，講師，助教授，
信州大学理学部数学科教授を経て，退官，信州大学名誉教授．理学博士．

主　書　群と位相，群と表現（以上裳華房）
ベクトルと行列（共著），微分と積分（共著），
多様体とモース理論，例題が教える群論入門，一般数学（共著），
線型代数セミナー（共著），古典型単純リー群，例外型単純リー群
（以上 現代数学社）

復刻版　位相幾何学から射影幾何学へ

2021年4月21日　初版第1刷発行

著　者　横田一郎

発行者　富田　淳

発行所　株式会社　現代数学社
〒606-8425 京都市左京区鹿ヶ谷西寺ノ前町1
TEL 075（751）0727　FAX 075（744）0906
https://www.gensu.co.jp/

装　幀　中西真一（株式会社 CANVAS）

印刷・製本　有限会社ニシダ印刷製本

ISBN 978-4-7687-0557-5　2021 Printed in Japan